李丹月　主编

服装材料与设计应用

FUZHUANG

CAILIAO

YU

SHEJI YINGYONG

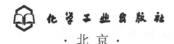

化学工业出版社

·北京·

本书主要阐述了服装材料中纤维、纱线、服用织物设计及织物染整等相关概念；同时介绍了传统服装面料、国内外新型纺织服装面料的服用性能特点，对服装面料的鉴别方法及保养方法进行了归纳总结。并以服装设计为载体，综述了服装材料是如何在服装设计的各个环节中得到应用的。

本书着重于服装材料基础知识的介绍，知识面广，图文并茂，可作为高等院校纺织服装类专业的教材，又可供服装专业技术人员及服装爱好者阅读及参考。

图书在版编目（CIP）数据

服装材料与设计应用/李丹月主编. —北京：化学工业出版社，2018.10（2022.10重印）
ISBN 978-7-122-32815-1

Ⅰ.①服… Ⅱ.①李… Ⅲ.①服装-材料②服装设计
Ⅳ.①TS941.15②TS941.2

中国版本图书馆 CIP 数据核字（2018）第 182434 号

责任编辑：张　彦
责任校对：杜杏然　　　　　　　　　　　　装帧设计：王晓宇

出版发行：化学工业出版社（北京市东城区青年湖南街 13 号　邮政编码 100011）
印　　装：北京科印技术咨询服务有限公司数码印刷分部
710mm×1000mm　1/16　印张 12¼　彩插 8　字数 230 千字
2022 年 10 月北京第 1 版第 4 次印刷

购书咨询：010-64518888　　售后服务：010-64518899
网　　址：http://www.cip.com.cn
凡购买本书，如有缺损质量问题，本社销售中心负责调换。

定　　价：49.00 元

　　我国服装工业和服装教育的迅速发展，对纺织服装专业人员的专业素质提出了更高、更全面的要求，服装设计者不能只懂得服装设计与制作，还必须懂得服装材料的相关知识，应该掌握纺织服装材料的基础理论知识并具备服装艺术的设计和应用能力。

　　服装材料作为服装三要素之一，它的特点以及性能对服装设计、服装工艺等起着至关重要的作用，不仅诠释着服装的风格和特征，而且直接影响着服装色彩和造型的表现效果，是服装设计专业的一门专业核心课程。

　　本书将理论基础和设计实践相结合，将纺织学科的材料学基础理论知识与服装艺术设计学科进行交叉融合，根据学科交叉的优势，培养纺织服装复合型人才，进入社会后更具备就业优势。本书除了介绍各种服装材料的特点及性能外，为了扩大读者的知识面，对一些相关内容，例如织物的组织结构、面料的后整理以及缝制和染整等加工工艺也作了相应的介绍。与此同时，通过详细的理论阐述和大量的图片运用，为广大读者呈现了在服装设计过程中对服装材料的二次设计及应用方法，以及服装材料在服装品类、外观风格和服装搭配等方面的应用。

　　本书由李丹月主编，马丽群副主编，吴璞芝、王文杰、张灵霞、李进也参加了图书的编写工作。另外，本书在编写过程中得到了领导与同事们的支持关心和鼓励，崔培雪、苗玉芳、谷文明、纪春明、李秀梅、张向东参与了文字审读和图片整理工作，在此表示真挚的感谢。由于编者水平有限，时间仓促，书中难免有不足之处，敬请相关专家及读者批评指正！

编　者

目 录 CONTENTS

04｜**第四章**
服装材料的后整理与保养　　　／121

第一章　绪论

近年来，随着服装业的发展和加工技术手段的进步，我国已成为世界服装生产大国，我国的服装品牌已逐渐有了一定的知名度，被大部分人们所知晓。同时，我国的服装市场也日益成熟，消费者对服装提出了更新更高的要求，但是，与欧美发达国家服装品牌相比，我们的服装行业还存在较大差距。分析原因，不难发现，高科技附加值产品已成为当今世界服装工业发展的趋势，服装产品的竞争，归根结底是材料的竞争，而这些要求大都必须通过服装材料的发展进步才能够实现。

一、服装材料的重要性及研究意义

随着人类的进步和生活水平的不断提高，服装材料作为服装构成的要素和基础也有着迅速的发展，服装的功能性也是依赖于服装材料的功能来实现的，服装材料创造了丰富的服装文化历史，引领着服装潮流的变迁，它和服装一样，既是人类文明进步的象征，也是文化、艺术、科学宝库中的珍品，并在人们生活中占有重要的地位。

服装主要由款式、色彩和材料三个要素构成，服装材料是构成服装最基本的要素之一，是构成服装的物质基础，材料是款式与色彩的体现与保证，无论是服装的色彩图案、款式造型、组织纹路还是光泽、质地、手感，都需要服装材料来得以实现，服装在穿着时的风格、档次、品质等都是通过服装材料的材质直接体现出来的。服装的款式造型也需要依靠服装材料的厚薄、轻重、柔软、硬挺、悬垂性等因素来保证，在此三要素中，服装材料起着重要的决定性的作用。

服装材料在服装的设计、加工、穿着、营销、保管等方面起着重要的作用。

1

设计者的设计理念和想法首先要通过服装材料来实现。设计者必须合理地选择和巧妙地运用服装材料，才能更好地体现设计意图，表现设计风格。

同样在现代成衣生产中，服装设计师和服装制造商要设计和制作出适销对路的服装，重要的环节就是服装材料的合理选择，材料的使用仍是最重要的因素，是决定服装价格、档次的主要因素，也是管理者、制作者、购买者最先考虑的因素。因此，只有了解和掌握了服装材料的种类、特性及对服装整体的影响，才能正确地选用服装材料，设计和生产出令消费者满意的服装。

二、服装材料的发展历史和现状

服装材料的发展变化，从某种意义上讲，决定了服装文化的超前性。自从有人类文明记载开始，我们发现人类发展史与服装材料发展史是相对同步的，服装材料与人类的生活是息息相关的。

早在原始社会，着装意识尚未形成，为了生存和御寒遮羞，人类把树叶、兽皮直接披挂在身上，由此，树叶和兽皮是被人们所利用的最早的服装材料。随着历史的发展，社会生产力也逐渐进步，人类能制作石针、骨针，把树叶、兽皮或羽毛串成简单的服装，形成了最早的缝纫；在人类进入新石器时代以后，定居的人类开始使用纤维。如图1-1、图1-2所示。

图1-1　兽皮

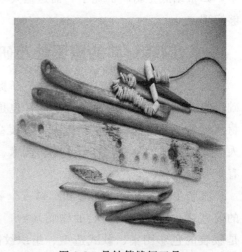

图1-2　骨针等缝纫工具

大约在公元前5000年埃及开始使用麻布，公元前3000年印度开始使用棉花，公元前2600年我国开始用蚕丝制衣。随之，在历史的长河中，棉、毛、丝、麻等天然纤维成为服装的主要用料，如图1-3所示。服装材料的发展是与纺织工业的发展紧密联系在一起的，工业革命，使工业生产及其产品有了长足的进步，纺织品从手工生产到机械生产，摆脱天然纤维在生产上受自然环境条件的制约，以人工的方式生产出比天然纤维性能更优越的纤维。

图 1-3　原始麻布

19 世纪末 20 世纪初，英国生产出黏胶人造丝，1925 年又成功地生产了黏胶短纤维；1938 年美国杜邦公司生产了尼龙纤维，并于 1950 年和 1953 年分别生产了腈纶和涤纶纤维，1956 年又获得了弹力纤维的专利权。随着纺织工业发展和化学纤维的应用，人们认识到各种纤维的不足，把天然纤维与化学纤维混纺互补，以满足消费者对服装的要求，如图 1-4 所示。

图 1-4　化学纤维及纱线

与此同时，从 20 世纪 60 年代起世界各国开始对化学纤维进行改进和研究，提出了"天然纤维合成化，合成纤维天然化"的口号。通过基因工程、化学工程及物理化学等方法对成品进行后加工，使其具有新的功能，使得各种新纤维、新纱线、新面料以及其他新型服装材料不断涌现。服装用纺织纤维在保持纤维原有优良性能的同时，不断克服自身缺点，并通过各种技术与工艺，赋予纤维特殊的功能性。例如：天然纤维在保持吸水、透湿等优良性能的同时，在抗皱防水和免烫等性能上得以改善；而化学纤维也改善了吸湿性差、易起静电、不易着色等缺点。随环境条件变化而变化的智能化材料是未来纤维发展的新方向。

近年来，随着人们环保意识的加强，绿色环保纤维（彩棉、有机麻、天丝、莫代尔、聚乳酸纤维等）也在服装材料中有了更多的应用。可见，从天然纤维到再生纤维、合成纤维，进而到高性能纤维、智能纤维、绿色纤维的发展是纺织服装材料技术的进步，及材料设计艺术的体现，表明了服装材料随着人类的文明、社会的进步、科学技术的发展、设计艺术的繁荣，将使得服装服饰成为新一轮时尚的亮点。

三、服装材料的流行趋势

服装材料已成为服装流行的重要因素，新材料的出现促进了新的服装流行趋势，同时，流行的服装又促进了服装材料的发展。近年来，服装材料的流行有如下特点。

（一）化学纤维更具绿色天然化

近年来，通过加工技术手段的不断进步，经过改性的化学纤维，不仅在外观上可以仿棉、毛、麻、丝、皮革等，而且在性能上也保留了其弹性、抗皱等优点，并克服了吸湿性差、易污染等缺点。多种纤维混纺的复合纤维织物手感好，穿着效果好，能表现出人们的各类需求，舒适轻薄、柔软并富有弹性。因此，天然纤维衣料与化学纤维混纺或交织的衣料，以其轻薄透气并富有弹性的衣料将更受消费者青睐。

（二）服装材料更具简约舒适性

由于经济的发展和生活水平的提高，嘈杂的城市、繁复的工作会使人们的压力也越来越大，人们更加追求舒适、轻松、多样的休闲生活方式，简约舒适的服装材料使人们在休闲的生活中身心得以释放，不受服装的束缚。

（三）服装材料的科技化和功能化

随着科学技术的迅猛发展和生活质量的不断提高，人们越来越追求高档、舒适、环保并具有保健、保护功能的服装，以高科技服装材料提高服装附加值的趋势日渐显著，面料产品总体向科技化和功能化方向发展，同时，后整理技术成为新型的设计手段，各种后整理方式创造出新的色彩效果和风格感觉，高科技技术的功能化、智能化材料逐渐会受到更多的青睐，如图1-5所示。

展望未来，人们生活水平不断提高，生活也将逐步趋于多样化，因此，科学技术的发展会帮助服装材料向多样化、功能化的方向发展，新型服装材料也会层出不穷，也必将带动服装行业的整体发展和繁荣，因此，掌握最基本的服装材料知识，将成为服装专业人士抓住契机、把握时尚、领导潮流的根本要素所在。

图 1-5 新型服装材料

第二章　服装材料概述

C2 Chapter

　　服装材料与服装款式、色彩共同构成了服装的三要素，对服装整体起着决定性的作用。在设计过程中，材料是款式与色彩的综合体现与保证，设计师的设计理念和想法需要通过服装材料才得以实现；在生产过程中，服装材料的运用仍是较为重要的因素，是决定服装价格和档次的关键因素。

　　服装材料是构成服装的物质基础，服装材料对服装的风格定位、款式造型、服用性能、生产加工、染整保养、用途及成本都起着至关重要的作用，影响到服装的艺术性、技术性、实用性、经济性和流行性，服装的服用功能是依赖于服装材料的功能才得以实现的，服装业的发展对服装材料提出新的要求，服装材料的发展与更新又不断地推动着服装发展的新进程。服装材料创造并丰富了服装的文化与内涵，是服装业改革的基础，更是时尚流行的引导者，引领着服装潮流的变迁与更替。

　　凡是用于制作服装所需要的材料，统称为服装材料，服装材料的种类繁多，分类方法多样。如按构成服装的纺织服装生产加工所需材料分，可将服装材料分为纤维、纱线、织物、辅料四大部分；在服装行业通常按材料的用途分，可将服装材料主要分为面料和辅料两部分。

　　面料是服装的主要组成成分，又称为主料或主面料，主要包括机织物、针织物、编织物、皮革和毛皮、非织造织物、复合织物等。辅料是除服装面料之外用于服装制作的其他辅助性材料，包括里料、衬料、填充材料、垫料、扣紧材料、缝纫线类材料、绳带、花边、标识、号型尺码带以及吊牌等材料，如图2-1～图2-4所示。

　　本章将主要介绍服装材料的基本组成单元服装用纤维、纱线、织物以及服装用辅料等基础知识，掌握服用纤维的基本分类方法，以及服用纤维的特征与性能；掌握纱线的基本分类方法与特征，以及花式纱线的运用；熟练机织面料、针织面料非织造布的结构参数；了解新型织物的服用特点及在服装方向的应用前景。

图 2-1　编结饰物花边

图 2-2　纽扣

图 2-3　缝纫线

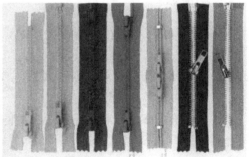

图 2-4　拉链

第一节　服装用纤维

纤维是组成纱线、织物、衣片的基础单元，是服装加工过程中最基本的材料，是决定服装最终服用性能的关键因素之一，纤维的性能和特征将直接影响服装吸湿性、保暖性、绝热性、染整加工性、保管性能及加工性能。不同种类纤维的特性与外观是影响服装外观审美性、服用舒适性、服用耐久性及保养性能的主要因素。

服装用纤维（英文：fibre），通常是指又细又长，直径为几微米或几十微米，长度与细度之比在千倍以上，并且具有一定韧性和强度的纤细物质。服装用纤维通常需要具备以下条件：首先需要具有一定的可纺性和物理化学稳定性；其次要有一定的强度、细度和吸湿性；同时还应具有一定的柔曲度、弹性、可塑性以及美感等服用性能。

了解并掌握服装用纤维分类和基本性能，对服装材料的选用、服装款式的设计、服装的生产加工以及保养和洗涤条件都具有十分重要的指导意义。

一、服装用纤维的分类

服装用纤维品种繁多，每种纤维的特点和性能各自均不相同。想要了解每种纤维的性能和特征，需要进行系统的分类分析，而常见的服装用纤维分类，大多是按纤维的来源和长度进行分类的。通常，按服装用纤维的来源将纤维分为天然纤维和化学纤维两大类，前者来自于自然界的天然物质，即植物纤维（纤维素纤维）、动物纤维（蛋白质纤维）和矿物纤维；后者通过化学方法人工制造而成，根据原料和制造方法的差异区分为再生纤维（以天然高聚物如木材等为原料）和合成纤维（以石油、煤和天然气等为原料）两大类。

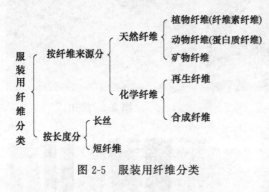

图 2-5 服装用纤维分类

按其长度可分为长丝和短纤维两大类，如图 2-5 所示。下面就按不同的分类方法，对纤维进行系统的分类讲述。

按照纤维来源，日常生活常用的服装用纤维可分为天然纤维和化学纤维两大类。

（一）天然纤维

天然纤维指从自然界或人工养育的动、植物上直接获取的纤维。又可分为植物纤维、动物纤维和矿物纤维，如棉、麻、丝、毛、石棉等，如图 2-6 所示。

1. 植物纤维

又称为纤维素纤维，是从自然界存在的植物之中提取的纤维。包括种子纤维、韧皮纤维和叶纤维等。

种子纤维：棉、木棉等。

韧皮纤维：苎麻、亚麻、黄麻、大麻、罗布麻等。

叶纤维：剑麻、蕉麻、菠萝纤维。

果实纤维：椰子纤维等。

常用的植物纤维主要有棉纤维和麻纤维，它们根据产地和品种的不同，各自具有独特的性能及风格外观。

（1）棉纤维。棉纤维是直接附着在棉籽上的纤维，属于种子纤维；其纤维原料吸湿性和透气性好，柔软而保暖，同时由于产量高、质量好、价格低，使得棉

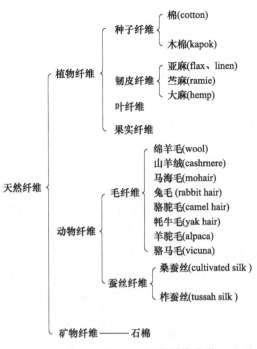

图 2-6 天然纤维分类

纤维是纺织及服装行业使用最为广泛的重要服装原料。我国是世界上的主要产棉国之一，目前棉花产量已经进入世界前列，棉花种植几乎遍布全国各地，其中以黄河流域和长江流域为主，再加上西北内陆、辽河流域和华南，共五大产棉区。由于品种和产地的气候和土壤等种植条件不同，棉花品种有极大的差异，如图2-7 所示。棉纤维通常分为长绒棉、细绒棉和粗绒棉三种。

图 2-7　棉花

长绒棉，又被称为海岛棉，主要产于尼罗河流域，其纤维细长，强力好，富有光泽，具有较高的强力，是纺织高档和特种纺织品的重要原料，其中最著名的是埃及长绒棉。纤维长度可达 60～70mm，是最优良高级的棉纤维品种，在我国新疆等地已大量种植，常用来纺制精梳棉纱，制作高档棉织物。

细绒棉，又被称为陆地棉，纤维长度在 25～31mm，是目前主要的棉花品种，其产量占全球的比例最大。其产量高，质量也好，纤维细度为 0.166～0.2tex，我国目前种植的棉花大多属于此类。

粗绒棉，又称亚洲棉。粗绒棉纤维短粗，手感偏硬，品质较差，现在已很少种植。

（2）麻纤维。麻纤维是取自麻类植物的外皮纤维，包括韧皮纤维和叶纤维。埃及人早在公元前 5000 年就开始使用麻，我国也自古就有"布衣""麻裳"之说。麻纤维是人类最早利用来做衣着的原料，被誉为凉爽和高贵的纤维，亚麻主要产于俄罗斯、波兰、德国、比利时、法国、爱尔兰等国。其中爱尔兰和比利时为世界最大出口国。黑龙江、吉林是我国亚麻的主要产地。苎麻起源于中国，所以又称为"中国草"，目前中国、菲律宾、巴西是苎麻的主要产地。

麻纤维的种类很多，服装上用得最多的是亚麻和苎麻，如图 2-8、图 2-9 所示。近年服装市场上还出现了一些大麻（也称为"汉麻"）、罗布麻、黄麻等服装类制品，如图 2-10 所示。这些纤维由于可纺性差等原因以前很少利用，现在

图 2-8　亚麻

图 2-9　苎麻　　　　　　　　　　　　　　图 2-10　大麻

可通过改进脱胶方法和工艺参数，或与其他纤维混纺等方法，提高了这些麻纤维可纺性，增加了麻制品品种的多样性。

亚麻是世界上最古老的纺织纤维，由于麻制品穿着吸湿透气，凉爽舒适，尤其用作夏季服装用料，一直是消费者备受喜爱的服装面料。由于麻的加工成本较高，产量相对较少，加之自然粗犷的独特外观，符合人们崇尚自然、追求个性化的消费理念，使亚麻纤维成为一种众人推崇的时髦纤维。我国苎麻中的纤维素含量较高，强度好，光泽较好，也深受国际服装市场的欢迎。

2. 动物纤维

又称蛋白质纤维，是由动物的毛发或昆虫的腺分泌物中提取的纤维。包括毛发纤维和蚕丝纤维（腺分泌液类）。

毛发纤维：绵羊毛、兔毛、山羊绒、驼绒、马海毛、牦牛绒等。

蚕丝纤维（腺分泌液）：桑蚕丝、柞蚕丝、蓖麻蚕丝、木薯蚕丝等。

常用的动物纤维主要有毛纤维和蚕丝纤维，它们根据产地和品种的不同，各自具有独特的性能及风格外观。

（1）毛纤维。毛纤维取自动物身体表面的绒毛纤维，属于毛发纤维，其主要组成物质为蛋白质，主要为动物的绒毛，以绵羊毛为主，还有山羊毛、马海毛、兔毛、骆驼毛、牦牛毛、羊驼毛、骆马绒等毛纤维。早在后石器时代人们就已开始使用羊毛，千百年来毛制品以其独特的外观风格和优良的服用性能备受设计师和消费者的青睐，无论从羊毛内衣，还是西服套装无不显示着毛制品的品位和价格，用于追求高品质高价格的服装大多采用的是以毛纤维面料为主的服装用料。

通常所说的羊毛主要指的是绵羊毛，由于绵羊的产地、品种、羊毛生长的部位、生长环境等的差异，羊毛的品质相差很大，如图 2-11 所示。澳大利亚、俄罗斯、新西兰、阿根廷、乌拉圭、中国等都是羊毛生产大国，其中澳大利亚是全

图 2-11　绵羊毛

球最大的羊毛出口国，其主要品种美利奴羊毛，纤维较细，品质优良，是高档毛制品服装的优良原料。羊毛纤维的品种主要有细羊毛、长羊毛、半细羊毛、粗羊毛。

细羊毛纤维毛质及长度均匀，可染性好，手感柔软，弹性极好，光泽柔和，是毛纤维原料中最有价值的原料之一，卷曲浓密而均匀，可纺性能好。长羊毛纤维粗长，光泽明亮，但可纺性能不好。半细羊毛纤维的线密度与长度介于细羊毛和长羊毛之间，纺纱性能较好。

粗羊毛纤维是毛被中兼有发毛和绒毛的异质毛，大多数土种羊毛都属于粗羊毛，服用性能较差，可纺性能差，不能作为服装用料，其主要用途是制作地毯等家纺制品。

人们能利用的毛纤维除了羊毛纤维外，还有许多被称之为特种毛纤维的服装用料，特种毛纤维是指除了绵羊毛纤维之外的动物毛纤维，主要有山羊绒、马海毛、兔毛、骆驼毛、牦牛毛、羊驼毛等。这些纤维产量少，性能优良，织物风格独特，都属于高档的服装用料。

山羊绒是紧贴山羊皮生长的浓密的绒毛，是一种贵重的纺织原料，细而轻柔，手感滑糯柔软，轻盈且保暖性好，可纯纺或混纺制成各种高档名贵纺织品，如羊绒衫、羊绒大衣呢、羊绒花呢等。一只山羊年产羊绒只有 100～200g，所以羊绒具有"软黄金"之称，如图 2-12 所示。我国是山羊绒生产和出口的大国。

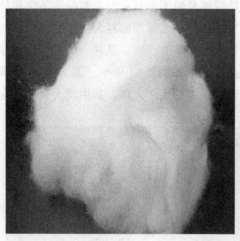

图 2-12　山羊绒

马海毛原产于土耳其安哥拉地区，所以又称安哥拉山羊毛，我国宁夏有少量生产。马海毛纤维粗长，光泽较强，具有一定的强度，卷曲少，不易毡缩，具有较好的回弹性、耐磨性及排尘防污性，不易起球，易清洁洗涤，长度为 200～250mm。染色性好，可纯纺或混纺制作成西装面料、提花毛毡、长毛绒、雪花呢等高档纺织品，如图 2-13 所示。

图 2-13 马海毛

兔毛的相对密度小，重量轻，保暖性极好，制品轻暖，卷曲较少，表面光滑，纤维之间的抱合力比较差，而且强度比较低。纺纱和平时穿着过程中易产生飞毛和落毛，所以可纺性差，常与羊毛和其他纤维混纺，兔毛服装穿着柔软舒适，风格别致，具有独特的外观效果，如图 2-14 所示。

图 2-14 兔毛

骆驼毛由粗毛和绒毛组成。具有独特的驼色光泽。粗毛纤维构成外层保护毛被，通称驼毛。细短纤维构成内层保暖毛被，通称驼绒。我国的内蒙古、新疆、宁夏、青海等地是主要产区，其中以宁夏毛较好，驼绒的强度大，光泽好，御寒保温性能，粗毛多用制作衬垫，如图 2-15 所示。绒毛质地轻盈，保暖性好。

牦牛毛由绒毛和粗毛组成，绒毛细腻而手感柔软滑糯，光泽柔和，弹性好，保暖性好；有较好的可纺性，可与羊毛、化纤、绢丝等混纺作精纺呢绒原料。粗毛可作衬垫织物、帐篷及毛毡等用，如图 2-16 所示。

图 2-15　骆驼毛制品　　　　　　　　图 2-16　牦牛毛制品

　　羊驼毛是粗细毛混杂，属于骆驼类毛，其细度比马海毛更细、手感柔软，其色泽为白色、棕色、淡黄褐色或黑色，其强力和保暖性均高于羊毛，如图 2-17 所示。主要产于秘鲁、阿根廷等地。

图 2-17　羊驼毛纤维及制品

　　骆马绒毛质细柔，富有光泽，是动物纤维中最细的毛，多为黄褐色。由于产量少，因此价格昂贵。骆马绒主要产于秘鲁山区。

　　（2）蚕丝纤维。蚕丝取自蚕的丝腺分泌液所形成的纤维，是熟蚕结茧时所分泌丝液凝固而成的连续长纤维。蚕丝最早产于中国，早在几千年前中国已利用蚕丝制作丝线，蚕丝为天然蛋白质纤维，光滑柔软，富有光泽，穿着舒适，被称为纤维皇后。目前我国蚕丝产量居世界第一，除此之外，日本和意大利等国家也以生产蚕丝而闻名。

　　蚕丝可分为家蚕丝和野蚕丝两种。家蚕丝即桑蚕丝，在我国主要产于浙江、江苏、广东和四川等地；野蚕丝即柞蚕丝，要产于辽宁和山东等地。

　　桑蚕丝指家蚕结的茧里抽出的蚕丝。色泽以黄白色为主，丝质轻而细长，色泽亮丽，手感细腻光滑，用于织制各种绸缎等夏季高端服装用料，如图 2-18

所示。

图 2-18　桑蚕丝及制品

柞蚕丝俗称野蚕丝，主要生长于北方地区，以辽宁丹东地区为多，柞蚕丝在光泽、细度、柔软度等服用性能方面都不如桑蚕丝，杂质较多，洗涤保养性能差，但其强伸度、耐腐蚀性、耐光性、吸湿性等方面比桑蚕丝要好，多适合制作中厚丝织物，细度均匀的丝纤维才可制作轻薄型织物，如图 2-19 所示。

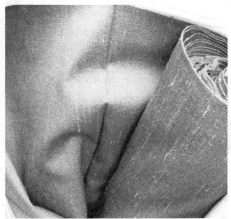

图 2-19　柞蚕丝及制品

（二）化学纤维

化学纤维是以天然或人工合成的高聚物为原料，经过化学处理，经一定的人工制造加工出来的纤维，并根据原料和制造方法的差异，区别为人造纤维（再生纤维）和合成纤维两大类，如图 2-20 所示。

1. 再生纤维

利用自然界中天然高聚物如木材、蛋白质等物质为原料，经化学处理后，经纺丝加工制成的纤维。可分为再生纤维素纤维（黏胶纤维、醋酯纤维、莫代尔纤维、天丝纤维等）和再生蛋白质纤维（大豆纤维、花生纤维、牛奶纤维等）。

（1）黏胶纤维（rayon）。由天然棉短绒、木材为原料经化学方法加工而制成，如图 2-21 所示。从性能分，有普通黏胶纤维和高湿高模量黏胶纤维等不同品种，从形态分有短纤维和长丝两种形式。黏胶短纤维常被称为人造棉，长丝常被称为人造丝。不同特征及外观

```
           ┌ 黏胶纤维(rayon)
           │ 莫代尔纤维(modal)
           │ 天丝纤维(tencel)
       再生纤维┤ 大豆纤维(soybean fibre)
           │ 醋酯纤维(acetate)
           └ 牛奶纤维
化学纤维┤
           ┌ 涤纶(聚酯纤维 polyester)
           │ 锦纶(聚酰胺纤维 nylon)
           │ 腈纶(聚丙烯腈纤维 acrylic)
       合成纤维┤ 氨纶(聚氨基甲酸酯纤维 polyurethane)
           │ 维纶(聚乙烯醇纤维 polyvinyl alcohol)
           │ 丙纶(聚丙烯纤维 polypropylene)
           └ 氯纶(聚氯乙烯纤维)
```

图 2-20　化学纤维分类

特点的黏胶纤维其性能也有着一定的区别。

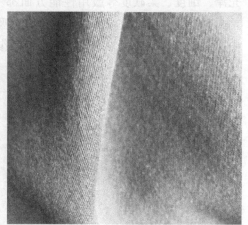

图 2-21　黏胶纤维及制品

（2）莫代尔纤维（modal）和天丝纤维（tencel）。是新一代再生纤维素纤维，都是采用天然原材料木浆制成，是一种变化型的高湿模量黏胶纤维，同时均具有环保功能，在制造过程较少使用有害物质二氧化硫，纤维的原料均来自于木材，使用后可以自然降解，具有环保功能，因而被称为绿色纤维，是 21 世纪的新型环保纤维，如图 2-22、图 2-23 所示。

（3）大豆纤维（soybean fibre）。是从大豆中提炼出的蛋白质溶解液经纺丝而成，属于再生蛋白质纤维。该纤维是由我国自主研发的，2000 年，我国在国际上首次成功地进行了大豆蛋白纤维工业化生产。其生产过程对环境和人体等无污染，易生物降解，如图 2-24 所示。

（4）醋酯纤维（acetate）。大多具有蚕丝风格，其相对密度小于纤维素纤维，

穿着轻便，但耐高温和保型性差，适合制成光滑柔软的服装面料。

（5）牛奶纤维是将牛奶蛋白融入特殊液体喷丝而成，也称为牛奶丝或牛奶绒。20世纪末，日本首先成功地开发出牛奶纤维，牛奶纤维织物透气性好，柔软舒适，吸水率高，制成的服装面料中含有多种氨基酸，使面料具有润肌养肤、抗菌消炎等功能。

图2-22　莫代尔纤维制品　　　　　　　图2-23　天丝纤维制品

图2-24　大豆纤维及制品

2. 合成纤维

以石油、煤、天然气及一些农副产品中所提取的小分子为原料，经人工合成得到高聚物，再经纺丝形成纤维。如：涤纶、锦纶、腈纶、氨纶、维纶、丙纶、氯纶。

（1）涤纶。化学名为聚酯纤维。近年来，在服装、装饰、工业中的应用都十分广泛，涤纶由于原料易得、性能优异、用途广泛，所以发展迅速，是当前合成纤维中发展最快、产量和用量最大的化学纤维，已居化学纤维的首位。在外观和性能上模仿毛 、麻、丝等天然纤维，可达到相当逼真的效果；涤纶长丝常作为低弹丝制作各种纺织品，短纤与棉、毛、麻等均可混纺，以加工不同性能的纺织制品，可用于服装、装饰及各种不同领域，如图 2-25 所示。

（2）锦纶。化学名为聚酰胺纤维，俗称"尼龙"，是世界上最早利用的合成纤维，由于其性能好，原料资源丰富，一直是合成纤维产量较高的品种，锦纶纤维织物的耐磨性能居各类纤维织物之首，锦纶长丝主要用于制造强力丝，供生产袜子、内衣、运动衫等。锦纶短纤维主要是与黏胶、棉、毛及其他合成纤维混纺，用作服装布料，还可制作轮胎帘子线、降落伞、渔网、绳索、传送带等对强力耐磨性要求较高的工业制品，如图 2-26 所示。

图 2-25　涤纶面料　　　　　　　　　　图 2-26　锦纶面料

（3）腈纶。化学名为聚丙烯腈纤维，也称奥纶、开司米纶等，蓬松柔软且外观酷似羊毛，从而有"合成羊毛"之称，腈纶以短纤维为主，用来纯纺或与羊毛等其他毛型纤维混纺，也可制成轻软的针织绒线，较粗的腈纶也可织制毛毯或人造毛皮，如图 2-27 所示。

（4）氨纶。化学名为聚氨基甲酸酯纤维，俗称弹性纤维，最著名的商品名称是美国杜邦公司生产的"莱卡"（Lycra），它是一种具有较强弹力的化学纤维，目前已工业化生产，并成为用量最广的弹性纤维。氨纶纤维一般不单独使用，而是少量地掺入到织物中，主要用于纺制有弹性的织物。一般将氨纶丝与其他纤维的纱线一起做成包芯纱或加捻后使用，氨纶包芯纱内衣、泳衣、时装等十分受消费者的喜爱，在袜口、手套，针织服装的领口、袖口，运动服、滑雪裤及宇航服中的紧身部分等都有普遍的应用，如图 2-28 所示。

（5）维纶。化学名为聚乙烯醇纤维，也称维尼纶等，维纶洁白色亮，柔软如棉，常被用做天然纤维棉花的替代品，因此俗称"合成棉花"。维纶主要以短纤维为主，常与棉纤维混纺，由于纤维性能的限制，服用性能较差，价格低廉，一般只用于制作低档工作服或帆布等民用织物。

（6）丙纶。化学名为聚丙烯纤维，也称帕纶，是最轻的纤维原料品种，属于轻质面料之一。它具有生产工艺简单、价格低廉、强度高、相对密度轻等优点，可以纯纺或与羊毛、棉、粘胶等混纺来制作各种衣料，也可用于各种针织品，如织袜、手套、针织衫、针织裤、洗碗布、蚊帐布、被絮、保暖填料等。

图 2-27 腈纶面料   图 2-28 氨纶面料

（7）氯纶。化学名为聚氯乙烯纤维，也称天美纶。我们在日常生活中接触到的塑料雨披、塑料鞋等大部分都属于这种材料。主要用途及使用性能：主要用于制作各种针织内衣、绒线、毯子、絮制品等。此外，还可用于工业滤布、工作服、绝缘布等的制作。

除了按纤维来源分类之外，服用纤维也可按长度区分，可将纤维分为长丝和短纤维两大类，如图 2-29、图 2-30 所示。

当纤维长度达几十米或上百米时，称为长丝，有天然长丝和化学长丝两种，天然纤维中只有蚕丝属于长丝，一根蚕茧丝平均长 800～1000m，可称为天然长丝，化学纤维长丝可按其服装制品的需要制成任意长度。

图 2-29 长丝   图 2-30 短纤维

短纤维的长度较短，天然中除蚕丝外，其余都属于短纤维，如棉纤维的长度一般在 10～40mm，羊毛的长度一般在 50～75mm。化学纤维可根据需要将长丝切断制成短纤维，按天然纤维的规格可分为棉型、毛型、中长型，如棉型化纤，长度为 30～40mm，用于仿棉或与棉混纺；毛型化纤，长度为 75～150mm，用于仿毛或与毛混纺；中长型化纤，长度为 40～75mm，主要用于仿毛织物。短纤维可以纯纺，也可以不同的比例与天然纤维或化学纤维混纺制成纱条、织物和毡。

二、服装用纤维的基本性能

服装用纤维的基本性能概括起来主要包括纤维的外观形态结构和纤维的服装用性能。

纤维的外观形态结构包括了在显微镜下观察得到的纤维截面形态及纤维的长度和细度等特征。

纤维的服装用性能包括了外观性能、舒适性能、耐用性能和保养性能。这些基本性能直接影响织物和服装的服用性能、外观品质以及档次。服装设计师及生产者想要合理地选择与应用服装材料，就需要准确地了解与掌握各种服用纤维的基本性能，以及不同纤维的性能特点对其制作的服装性能引起的不同变化。

（一）纤维的外观形态结构

1. 纤维截面形态

通过在显微镜下观察纤维的横向和纵向截面外观，可以发现纤维的差异，各种常用纤维的截面形态，如表 2-1 所示。

表 2-1　常用纤维横向、纵向截面特征

纤维		横向截面	纵向截面
天然纤维	棉纤维	呈腰圆形，中间有空腔	呈扁平带状，有天然扭曲
	麻纤维	苎麻为腰圆形，亚麻为多角形，中间有空腔	有横节和竖纹
	毛纤维	呈圆形或椭圆形，粗羊毛有髓质层，细羊毛没有	表面有鳞片覆盖，尖端指向羊毛稍部，有卷曲
	丝纤维	不规则的三角形或半椭圆形	粗细不均匀，如树干状，且有许多异状的节
化学纤维	黏胶纤维	锯齿形，皮芯结构	平直柱状，表面有凹槽
	涤纶、锦纶、丙纶	圆形	平滑光洁，均匀无条痕
	腈纶	圆形或哑铃型	平滑或有少量沟槽
	维纶	腰圆形，皮芯结构	有少量沟槽

2. 纤维的长度

纤维的长度指纤维伸直但未伸长时两端的距离。

指标特点及指导意义：纤维长度是衡量纤维品质的重要指标，纤维的长度对织物的外观、纱线质量以及织物手感等都有影响。长丝纤维织成的织物表面光滑、轻薄，而短纤维织物的外观比较丰满和有毛羽。一般情况下，在同等细度下，其纤维长度越长，纤维品质越好，强度和均匀度也越好。

3. 纤维的细度

纤维的细度指纤维的粗细程度。

指标特点及指导意义：是衡量纤维粗细程度及品质的重要指标，纤维的粗细直接影响了纱线、织物和服装的品质；纤维越细手感越柔软，在纱线粗细程度相同的情况下，其强力品质就越好；同时纤维越细，制成的面料织物越轻薄，光泽好，手感柔软，透气性越好。

（二）纤维的服用性能

1. 外观性能

（1）色泽。主要指纤维在色度、光泽和色彩等方面的特点。

指标特点及指导意义：是衡量光泽度的指标，纤维表面的光泽、横截面、成纱时所加的捻度，染色鲜艳程度和染色牢度都直接影响着织物及服装色泽的好坏。

（2）刚度。主要指纤维抵抗弯曲变形的能力。

指标特点及指导意义：是衡量悬垂性的重要指标。弯曲刚度小的纤维易于弯曲，形成的织物手感柔软，垂感好；弯曲刚度大的纤维不易弯曲，织成的织物手感硬挺，垂感较差。在面料的选用过程中，可根据所设计制作的款式来挑选适当刚度的服装面料。

（3）弹性。主要指纤维抵抗外力的作用及恢复到原状态的能力。

指标特点及指导意义：是衡量抗皱性、回复性和服装外观保形性及形状稳定性的重要指标；弹性回复性好的纤维制成的服装，受力变形后会很快回复，不易形成褶皱，外观保持性好。在常用纤维中，羊毛、锦纶等化纤弹性较好，而棉、麻、丝、黏胶等纤维弹性较差。

（4）可塑性。主要指纤维在加湿、加热的状态下，通过机械作用改变形状的能力。

指标特点及指导意义：是衡量具有热定型性的重要指标；可使织物永久定型，使服装尺寸稳定性、弹性、抗皱性等性能得到改善，一般合成纤维织物的该性能好，易定型且耐久，洗涤后也不消失。

（5）起毛起球。主要指纤维端伸出织物表面并形成绒毛及小球状凸起的现象。

指标特点及指导意义：影响织物和服装的外观特性及品质。纤维表面较光滑，而且较细强力较大的纤维容易起毛起球，不易脱落。合成纤维要比天然纤维更容易起毛起球，该性能较差。

2. 舒适性能

（1）导热性。主要指纤维传导热量的能力。

指标特点及指导意义：是衡量保暖性和触感的重要指标。材料的导热性常用导热系数来表示，若导热系数大，则导热性好。导热性差的材料手感温暖，保暖性好；导热性好的材料手感凉爽，保暖性差。羊毛、腈纶等纤维导热系数较小，导热性差，因此其制作的服装保暖性好。

（2）吸湿性。主要指纤维在空气中吸收或放出气态水的能力。

指标特点及指导意义：是衡量吸湿舒适性的重要指标，直接影响制品的服用和加工性能。常用指标有含水率和回潮率两种（含水率：指纤维中所含水分重量占纤维湿重的百分率；公定回潮率：指相对湿度为65％±2％，温度在20℃±2℃条件下的回潮率。）

天然纤维和再生纤维素纤维具有较好的吸湿性，而合成纤维大多吸湿性能差，故在闷热、潮湿的环境下穿着此类纤维面料制成的服装通常会感觉不适。一般来说纤维吸湿性好，其制品吸湿透气，不易蓄积静电，穿着舒适，同时便于洗涤和染色。

3. 耐用性能

（1）拉伸强度和延伸性。主要指纤维在外力作用下会产生的变形和伸长的能力。

指标特点及指导意义：是衡量织物和服装的耐用性。与纤维强度相比，伸长率在服装耐用性方面往往起到更大的作用，一般只有强度越大，伸长率越大，纤维才越结实。如棉纤维的强度比羊毛高，应该比羊毛结实，但由于棉纤维延伸性小，不易伸长变形，因此实际服用中，常表现为毛织物比棉织物更耐用。

（2）耐气候性和耐磨性。主要指纤维抵抗外界各种侵害的性能。

指标特点及指导意义：耐气候性指纤维制品在太阳辐射、风、雪、雨等气候因素作用下，不发生破坏，保持性能不变的特性。在日常穿着中，服装以在户外与日光接触为主，日光中的紫外线会使纤维发黄变脆，强度降低。

耐日光性顺序：腈纶＞麻＞棉＞羊毛＞黏胶纤维＞醋酯纤维＞涤纶＞锦纶＞丝＞丙纶。

耐磨顺序：锦纶＞涤纶＞氨纶＞亚麻＞腈纶＞棉＞丝＞羊毛＞黏胶纤维＞醋酯纤维。

（3）耐热性。主要指纤维抵抗温度的能力。

指标特点及指导意义：纤维在过高的温度作用下，都会出现强度降低、弹性消失甚至熔化等不良现象。尤其大多数合成纤维在受热后会发生收缩变形，合成纤维中热收缩较为突出的是氯纶和丙纶，天然纤维中，纤维素纤维的耐热性较好，蛋白质纤维的耐热性稍差，合成纤维中涤纶、腈纶的耐热性较好。

（4）熔孔性。主要指纤维制品在接触到烟灰和火花等热体时，在织物上形成孔洞的性能。

指标特点及指导意义：在外力火源的作用下大部分纤维都会产生损伤，一般情况下，天然纤维的熔孔性会好于合成纤维。

（5）耐化学品性。主要是指纤维抵抗化学品破坏的能力。

指标特点及指导意义：服装在穿着和洗涤过程中，均要受到酸碱等化学品的腐蚀，会对纤维有一定损伤，但不同纤维品种的对酸、碱耐腐蚀性是不同的，纤维素纤维耐碱性较强，耐酸性较弱，蛋白质纤维耐酸性较强，耐碱性较弱，合成纤维的耐酸碱性较好，均优于天然纤维。

4.保养性能

保养性主要是指纤维的抗霉、抗虫、抗微生物和洗涤等性能。

天然纤维易受霉菌的侵蚀，纤维素纤维更容易发霉，蛋白质纤维更容易虫蛀；合成纤维对霉菌和虫蛀等抵抗能力较强。同时，在洗涤过程中，也需要根据前面提到的耐酸碱性、耐磨性等性能进行正确选用洗涤剂及适当揉搓。

各种常用的纤维服用性能如表 2-2 所示。

表 2-2　常用纤维的服用性能

纤维		外观性能	舒适性能	耐用性能	保养性能
天然纤维	棉纤维	光泽较好,风格朴实自然,染色性较好,易于上染各种颜色；弹性差,不挺括,其服装穿着时易起皱,起皱后不易恢复	棉纤维纤细柔软,手感温暖,吸湿性好,穿着舒适,不刺激皮肤,且不易产生静电	棉纤维延伸性较差,耐磨性不够好,棉纤维湿强比干强大,且耐湿热性能好,耐碱不耐酸	耐水洗,洗时可以用热水浸泡,高温烘干；缩水严重,加工时应进行预缩处理;易发霉
	麻纤维	光泽较好,颜色有象牙色、棕黄色、灰色等,纤维之间存在色差,形成的织物往往有一定色差；弹性差,易起皱,且皱纹不易消失	吸湿性好,吸湿、放湿速度很快,而且导热性好,凉爽,不易产生静电,但比较粗硬,毛羽与人体接触时有刺痒感	麻纤维具有较高的强度,制品比较结实耐用,耐碱不耐酸,耐酸碱性比棉稍强	纤维中熨烫温度最高,一般需湿烫,一经定型能保持较长时间;麻的湿强大于干强,较耐水洗,易发霉
	毛纤维	光泽好,弹性好,其制品保型性好,有挺括的身骨,不易起皱。毛纤维吸湿后,弹性明显下降,导致抗皱能力和保型能力明显变差	手感柔糯,触感舒适;在天然纤维中吸湿性最好,且吸收相当的水分不显潮湿,穿着舒适。卷曲蓬松,导热系数小,隔热保暖性好	耐酸性比耐碱性强,对氧化剂也比较敏感,尤其是含氯氧化剂,会使其变黄、强度下降	对碱较敏感,不能用碱性洗涤剂洗涤。羊毛耐热性不如棉纤维,洗时不能用开水,熨烫时最好垫湿布
	丝纤维	脱胶前光泽较柔和,脱胶后蚕丝变柔软有弹性,漂白后颜色洁白,富有光泽,具有特殊的闪光。蚕丝染色性好,染色鲜艳	触感柔软舒适,桑蚕丝有柔滑、凉爽的手感,野蚕丝具有温暖、干爽的手感。纤维吸湿性好,穿着舒适	蚕丝不耐盐水侵蚀,汗液中的盐分可以使蚕丝强度降低,耐酸不耐碱	一般的蚕丝织物可以机洗或手洗,洗涤时应避免碱性洗涤剂。洗涤时应采用柔和的方式,洗后不能绞干,应摊平晾干

续表

纤维		外观性能	舒适性能	耐用性能	保养性能
化学纤维	黏胶纤维	长丝具有蚕丝般的外观和优良垂感；短纤维制品具有棉、毛的外观，染色性好，色谱全、染色鲜艳，色牢度好。面料柔软不挺，悬垂性好，织物弹性差，起皱严重且不易恢复	触感平滑柔软，具有天然纤维的舒适性。吸湿性好，导热性较好，穿着凉爽舒适，可用于湿热环境。织物不易起静电和起毛起球	耐磨性差，耐用性较差，尤其湿态性能较差，不耐水洗和湿态加工，耐碱不耐酸，耐碱性不如棉，不能丝光和碱缩	水洗后尺寸形态改变较大，缩水严重，加工前应先进行预缩处理，熨烫温度低于棉
	涤纶	根据产品的外观和性能要求，涤纶可仿真丝、棉、麻、毛等纤维的手感与外观。具有较好的弹性和弹性回复性，面料挺括，不易起皱，热定型和保型性好	涤纶吸湿性差，不容易染色，需采用特殊的染料、染色方法或设备。穿着闷热、不透气，易产生静电	涤纶强度高，延伸性、耐磨性好，产品结实耐用；对一般化学试剂较稳定，耐酸，但不耐浓碱；耐热性比其他合成纤维高，耐光性好	涤纶制品缩水小，并易洗快干，洗可穿性好，通常可机洗，洗涤时应用温水，中温烘干，烘干温度过高会使织物产生不易去除的褶皱
	锦纶	弹性好及回复性极好，不易起皱。但纤维刚度小，与涤纶相比保型性差，外观不够挺括，锦纶染色性能远优于涤纶，能得到丰富多彩的颜色	锦纶的密度较小，比涤纶小，穿着轻便，吸湿性较差，其服装穿着较为闷热	强度高、耐磨性好，其耐磨性是棉的十倍；耐光性差，阳光下易泛黄、强度降低；锦纶耐热性也较差，高温下易变黄，温度过高会产生收缩	可机洗，并且易洗快干，洗时水温不宜过高；单独洗涤，防止织物吸收染料和污物而发生颜色改变，耐碱不耐酸
	腈纶	质轻蓬松、染色鲜艳，弹性回复性和保型性差；易起毛起球	导热系数小，纤维柔软，保暖性好，而且密度小，相同织物厚度下，比羊毛轻。吸湿性差	耐日光性和耐气候性突出，强度不如涤纶等合成纤维，耐磨性较差；能耐弱酸碱，耐热性较好	不霉不虫蛀，洗可穿性好，但使用强碱和含氯漂白剂时需注意

第二节　服装用纱线

纱线是由纤维原料经过纺纱系统加工而制成的，是纱和线的总称，纱是把纤维沿纤维长度方向平行地排列并经加捻纺制成的产品称为纱。线是双根或多根单纱并合加捻后称线或股线。纱线的品质在很大程度上决定了织物和服装的外观特征和服用性能，影响了如织物的光泽、手感、舒适性、柔软度、悬垂性或弹性等，以及服装的耐磨性、抗起毛起球等性能均与纱线性质有关。

近年来，随着纺纱技术的迅猛发展，出现了很多新型纺纱技术和方法，人们可以在传统的纺纱基础上设计出花型各异的纱线结构，使得纱线的品种日益增多，具有较好的外观手感和内在品质，丰富了服装原材料的品种，也可以让服装面料有着不同的视觉效果和品质特征。

一、纱线的分类

纱线的种类繁多，构成纱线的纤维原料和加工方法不同，使得纱线在形态结构和性能上各不相同，对纱线进行分类有利于对纱线的性能和特征进行区分，从而更合理地根据需要进行纱线的选择和应用，常见的分类方法有以下几种。

（一）按纱线的原料分

（1）纯纺纱线。是由一种纤维原料构成的纱线，此类纱线适宜纺制纯纺织物。

（2）混纺纱线。是由两种或两种以上的纤维纺成的纱，此类纱线适宜纺制突出两种纤维优点的混纺织物。

（二）按纺纱系统分

（1）精纺纱线。也称精梳纱，是通过精梳工序纺成的纱。包括精梳棉纱和精梳毛纱，纱中纤维平行伸直度高，条干均匀、光洁，但成本较高；精梳纱主要用作高级织物及针织品的原料。

（2）粗纺纱线。也称粗纺纱，是指按一般的纺纱系统进行梳理，不经过精梳工序纺成的纱。包括粗梳毛纱和粗梳棉纱。粗纺纱中短纤维含量较多，纤维平行伸直度差，结构松散，毛茸多，纱支较低，品质较差，主要用作一般织物和针织品的原料。

（三）按纱线的粗细程度分

（1）粗特纱。粗特纱指 32 特及其以上的纱线，主要适用于织造粗厚织物。如粗花呢、粗平布等。

（2）中特纱。中特纱指 21～32 特的纱线，主要适用于织造中厚织物。如中平布、华达呢、卡其等。

（3）细特纱。细特纱指 11～20 特的纱线，主要适用于织造细薄织物。如细布、府绸等。

（4）特细特纱。指 10 特及其以下的纱线，此主要适用于织造高档精细面料。如高支衬衫、精纺贴身羊毛衫等。

（四）按纱线的染整加工分

（1）原色纱。又称本色纱，是未经任何染整加工处理，保持纤维原有色泽的纱线。

（2）染色纱。原色纱经过煮炼后染色制成所需颜色的纱线。

（3）漂白纱。原色纱经煮炼漂白后制成的洁白的纱线。

（4）色纺纱。纤维原料先经过染色后再纺成的纱线。

（5）丝光纱。通过氢氧化钠强碱处理并施加张力，使纱线光泽和强力均有较大改善的棉纱。

(6) 烧毛纱。通过烧掉纱线表面绒毛，获得光洁表面的纱线。

（五）按成纱的纤维状态分

(1) 短纤维纱线。由短纤维（天然短纤维或化学短纤维）经纺纱加工而成短纤维纱，短纤维纱通常结构较疏松，且表面覆盖着由纤维端构成的绒毛，故光泽柔和，具有较好的服用性能。

(2) 长丝纱线。直接由高聚物溶液喷丝或由蚕吐出的天然长丝并合而成长丝纱，具有良好的光泽、强度和均匀度。

（六）按纱线的用途分

(1) 机织用纱。指加工机织物所用纱线，分经纱和纬纱两种。经纱用作织物纵向纱线，具有捻度较大、强力较高、耐磨较好的特点；纬纱用作织物横向纱线，具有捻度较小、柔软、强力较低的特征。

(2) 针织用纱。指加工针织物所用纱线。纱线质量要求较高，捻度较小、强度适中即可。

(3) 其他用纱。包括缝纫线、绣花线、编结线等。根据用途不同，对这些纱的要求不同。

（七）按纱线的结构分

(1) 单纱。是指只由一股纤维束捻合而成的纱，可以是一种纯纺也可以是两种以上原料混纺纱线。

(2) 股线。是指由两根或两根以上的单纱捻合而成的线，还可按一定方式进行合股并合加捻，得到复捻股线，其强力、耐磨性好于单纱。

(3) 复杂纱线。纱线具有较为复杂的结构和独特的外观以及手感，主要有花式纱线、变形纱等，下面将对复杂纱线做更为具体的分类。

① 花式纱线。是指通过各种加工方法而获得特殊的外观、手感、结构和质地的纱线。纱线大多外观独特且内部结构多样，通常是为了获得某种视觉效果而设计的，具有丰富的色彩效果及独特的肌理效果，但缺点是易钩丝、强力较低、不耐磨、易沾污等。花式纱线种类繁多，主要的种类如图 2-31 所示。

花色线：按一定比例将彩色纤维混入基纱的纤维中，使纱上呈现鲜明的大小不一的彩段彩点的纱线，如彩点线、彩虹线等。

花式线：指通过各种加工方法而得到的具有各种外观特征的纱线，如圈圈线、竹节线、结子等。此类纱线织成的织物手感蓬松、柔软、保暖性好，外观风格别致，立体感强。

特殊花式线：具有特殊特征的花式线，如表面呈现丝点光泽的金银丝，状如瓶刷、手感柔软的雪尼尔线，绒毛感强、手感丰满柔软的拉毛线等。

② 变形纱。将合成纤维长丝在热和机械的作用下，或在喷射空气的作用下

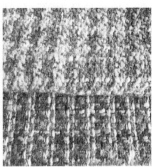

图 2-31 花式纱线及制品

进行变形处理，使其卷曲得到的纱线，也称为变形丝，大大改善了纱线及服装材料的吸湿性、透气性、柔软性、弹性和保暖等性能，变形纱主要品种如图 2-32 所示。

高弹丝具有优良的弹性变形和回复能力，膨体性能一般，以锦纶变形纱为主，主要用于运动衣和弹力袜等。

低弹丝具有一定的弹性和蓬松性，多为涤纶、丙纶或锦纶变形丝，制成织物后尺寸稳定，主要用于内衣和毛衣等。

膨体纱具有一定的弹性和很高的蓬松性。其典型代表是腈纶膨体纱，也称开司米，也有锦纶和涤纶膨体变形纱。主要用于保暖性要求较高的毛衣、袜子以及装饰织物等。

图 2-32 变形纱

二、纱线的结构与特性

纱线的结构与特性将直接影响织物的结构和服用性能，其中纱线的细度和捻度、捻向是最为重要的结构因素，是反映纱线品质和表示纱线的机械物理性能的主要指标，决定了纱线的性能与用途。

(一) 纱线的细度

细度是纱线最重要的衡量指标。纱线的粗细将影响织物的结构、外观和服用性能，如织物的厚度、硬挺度、覆盖性、手感、外观风格、耐磨性等均与纱线的粗细有关。纱线越细，对纤维质量的要求越高，织造后织物也就越光洁细腻，品质优良。

在我国法定计量单位中，表示纱线粗细的指标常采用线密度，即单位长度纱线的重量。通常表示纱线粗细的方法有定长制和定重制两种。

1. 定长制

是指在公定回潮率的条件下，用规定长度的纱线重量来表示其细度。这种表示方法中，数值越大，表示纱线越粗，该指标包括线密度（也称特数或号数）和旦数。

(1) 线密度。是指 1000m 长的纱线在公定回潮率时的重量克数，线密度的单位为特克斯，符号为 tex，所以也称为特数或号数，其计算公式如下。

$$Tt = G/L \times 1000$$

式中　Tt——纱线的线密度，tex；

　　　L——纱线试样的长度，m；

　　　G——纱线在公定回潮率时的重量，g。

(2) 旦尼尔数。是指 9000m 长的纱线在公定回潮率时的重量克数。多用来表示长丝的粗细，如化纤长丝、蚕丝等，单位为旦（D）或旦尼尔（den），所以也称为旦数或纤度，其计算公式如下。

$$Nd = G/L \times 9000$$

式中　Nd——纱线的纤度，旦；

　　　L——纱线试样的长度，m；

　　　G——纱线在公定回潮率时的重量，g。

2. 定重制

是指在公定回潮率的条件下，一定重量的纱线所具有的长度，这种表示方法中，数值越大，所表示的纱线越细，该指标包括公制支数和英制支数。

(1) 公制支数。指在公定回潮率时，1g 重的纱线所具有的长度（m），单位为公支 Nm，也称为支数，其计算公式如下。

$$Nm = L/G$$

式中　Nm——纱线的公制支数；

　　　L——纱线试样的长度，m；

　　　G——纱线在公定回潮率时的重量，g。

（2）英制支数。指在公定回潮率时 1b（磅，1b＝0.453592kg）重的纱线，其长度有多少个 840yd（码，1yd＝0.9144m），就称其细度为多少英支，单位为英支 Ne，其计算公式如下。

$$Ne＝Le/840×Ge$$

式中　Ne——纱线的英制支数；

　　　Ge——纱线的标准重量，1b；

　　　Le——纱线的长度，yd。

（3）纱线的细度指标之间可以进行换算。

特数与公制支数的换算：$Tt＝1000/Nm$

特数与旦数的换算：$Tt＝Nd/9$

公制支数与旦数的换算：$Nm＝9000/Nd$

（二）纱线的捻度和捻向

1. 捻度

加捻是使纱条的两个截面产生相对回转，之间产生相互抱合的摩擦力，是纺纱的直接目的之一，短纤维必须经过捻合加捻后，才能形成具有一定强度、弹性、手感和光泽的纱线，加捻的多少则是衡量纱线性能的重要指标，因此，想要形成具有一定强度的纱线，需对其进行加捻。

加捻的程度一般用捻度来表示，捻度是指纱线单位长度内的捻回数。单位长度计量可表示为"捻/10cm"（用于棉及棉型化纤纱线）和"捻/m"（精梳毛纱及化纤长丝纱），捻度是决定纱线基本性能的重要因素，它与纱线的强力、刚柔性、弹性、缩率等有着直接的关系，另外还影响纱线的光泽、手感、光洁程度等。

2. 捻向

纱线的加捻是有方向性的，即是纱线加捻时旋转的方向，称为捻向，纱线的捻向有 S 捻和 Z 捻两种，加捻后，若纤维（或单纱）倾斜方向自左上方向右下方倾斜的，在横截面上显示的纤维束整体呈顺时针旋转，称为 S 捻；若是自右上方向左下方倾斜的，在横截面上显示的纤维束整体呈逆时针旋转，称为 Z 捻，如图 2-33 所示。

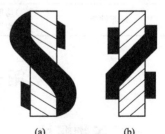

捻向示意
(a) S捻(顺手)；(b) Z捻(反手)

图 2-33　S 捻及 Z 捻

一般当单纱采用 Z 捻时，股线常采用 S 捻。股线捻向的表示方法是第一个字母表示单纱的捻向，第二个字母表示股线的捻向。复捻股线则用第二个字母表示初捻捻向，第三个字母表示复捻捻向，如 ZSZ，说明单纱捻向是 Z 捻、股线为 S 捻，复捻为 Z 捻。

纱线的捻向对织物的外观、光泽、厚度和手感都会有一定影响。如不同捻向的纱线在机织物中纵向排列，还可形成隐条等外观效果。

（三）纱线的结构与品质对织物服用性能的影响

纱线是服装材料中的重要原料之一，是织造服装面料的基础性材料，纱线的结构直接影响了纱线的外观和特性，从而影响织物和服装的外观效果、手感、舒适性及耐用性能。如表2-3所示，详细地说明了纱线结构对织物服用性能的影响。

表2-3　纱线结构对织物服用性能的影响

外观性能	(1)长丝纱织物表面光滑、发亮，均匀；短纤维纱由于有毛茸，对光的反射随捻度的大小而异 (2)捻度大其织物光泽减少，手感变硬，面料挺括，不易钩丝和起毛起球；捻度小的织物柔软、光泽好 (3)经纬纱采用不同捻向，织物表面反光一致，光泽较好，织物松厚柔软；经纬纱采用相同捻向，相互嵌合，织物较薄，强力较好。当若干根不同捻向纱线相间排列时，织物表面会产生隐条隐格效应 (4)单纱的捻向与股线的捻向相同时，股线结构不平衡，容易产生扭结；单纱的捻向与股线的捻向相反时，捻回稳定，股线结构均匀平衡
舒适性能	(1)捻度大的低特纱(纱细)，其绝热性比蓬松的高特(纱粗)差；含空气多的纱线热传导性较小，绝缘性好，保暖性好；纱线的热传导性随纤维原料的特性和纱线结构状态的不同而有所差异 (2)纱线细、捻度高的棉纱或麻纱具有光亮耀目的外观、滑爽手感；蓬松的羊毛纱或变形纱，手感丰满 (3)长丝光滑易贴身，如织物质地紧密，湿气很难透过织物；短纤维纱线，有毛茸伸出织物表面，减少了与皮肤的接触，可改善透气性，增加舒适度
耐用性能	(1)长丝纱的强力和耐磨性优于短纤维，但长丝纱易钩丝和起球，混纺纱的强度比组分中性能好的纤维的纯纺纱强力低 (2)纱线的结构影响织物弹性，纱线的结构越松散，织物的弹性较好，相反，纤维被牢牢地固定在纱线内，织物就会很硬板 (3)纱线捻度越大，纤维之间摩擦力大，不易被拉伸；相反，捻度减少，拉伸值增加，但拉伸回复性降低，影响服装的保型性 (4)捻度影响纱线在织物中的耐用性，捻度太低，纱线容易松散，强度低，捻度过大，因内应力增加，纱线强力减低，所以中等捻度的短纤维纱耐用性较好
保养性能	(1)捻度较小的纱线的防污染性能比强捻纱差 (2)捻度较小的纱线所织的织物洗涤过程中易收缩以使织物变形

第三节　服装用织物

一、织物概述

服装用织物是指纺织纤维和纱线按照一定规律方法制成的柔软且有一定力学性能和服用性能的片状物，是构成服装或纺织用面料的基础。服装用织物的结构、质地、外观和其性能特点直接影响了面料和服装的外观品质及服用性能，是服装设计师和消费者选购的主要依据。

（一）服装用织物的分类

服装用织物各式各样，种类繁多，根据面料和服装的最终设计需求，可在纤维原料、成型加工方式、纱线结构、染整加工等方面进行具体分类，常用的分类方法有以下几种。

1. 按织物的构成原料分类

（1）纯纺织物。指构成织物的经纬纱线均采用同一种纤维制成的织物，纯纺织物能够充分体现其组成纤维的基本性能，织物的外观和服用性能由纤维原料的特点而决定。例如：纯棉织物、纯麻织物、纯毛织物、纯化纤织物等。

（2）混纺织物。指构成织物的经纬纱线采用两种或两种以上纤维混合纺纱制成的织物，混纺织物不同纤维原料按照一定比例混合配置，可使各种纤维材料的特性优点得到互补，从而改善织物的服用性能。例如：涤棉织物、毛涤织物、涤黏织物等。

（3）交织物。指构成织物的经纬纱分别采用不同纤维或不同类型的纱线交织而成的织物，交织物的经纬纱线性能不同，具有明显的经纬向差异性，当经纬向紧密度相差较大时，织物性能由紧密度较大的决定。例如：麻棉交织、丝毛交织、丝棉交织等。

2. 按织物的加工方式分类

（1）机织物。是指以经纬两系统的纱线在织机上按一定的规律相互交织而形成的织物。机织物布面表面有明显的经向和纬向，结构稳定，布面平整，悬垂时无松弛现象，尺寸稳定性好，适合各种裁剪方法，如图 2-34 所示。

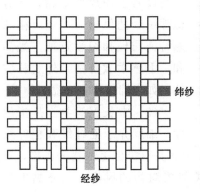

图 2-34　机织物

（2）针织物。指用一根或一组纱线为原料，以纬编机或经编机加工形成线圈，再把线圈相互串套而形成的织物。针织物质地松软，有较好的延伸性和弹性，以及优良的抗皱性和透气性，穿着舒适；但尺寸较难控制，面料容易钩丝和起球，如图 2-35 所示。

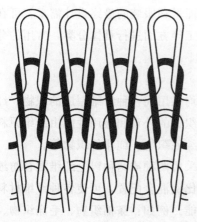 

图 2-35　针织物

（3）非织造布。也称无纺布，非织造布没有经过传统的纺纱和织造工艺过程，是以纺织纤维为原料经过粘合、熔合，或其他化学、机械方法加工而成的织物。非织造织物生产流程短、产量高、成本低，使用范围广泛且发展迅速，主要用于服装衬料和垫料等辅料的使用中，如图 2-36 所示。

图 2-36　非织造布

3. 按织物的风格分类

（1）棉型织物。是指用棉纤维或纤维长度、细度与棉纤维相近的化学纤维（称棉型纤维）在棉纺设备上织成的织物，具有类似棉织物的风格，外观风格和手感特征与纯棉织物近似，光泽柔和，手感柔软舒适，外观朴实自然，如涤棉织物、涤黏织物等。

（2）中长型织物。是指用长度、细度介于毛纤维和棉纤维之间的化学纤维（称中长型纤维）织成的织物，大多具有类似毛织物的风格，毛型感较强，通常用作仿毛织物，也少量具有类似棉织物的风格，如涤黏中长花呢等。

（3）毛型织物。是指用毛纤维或纤维长度、细度与毛纤维相近的化学纤维（称毛型纤维）在毛纺设备上织成的织物，具有毛型织物的外观风格，手感特征等与纯毛织物接近，蓬松柔软、丰满，给人以温暖感，如毛黏花呢、华达呢、麦尔登呢等。

（4）长丝织物。是指用天然长丝或各种化纤长丝织成的织物，具有类似丝绸织物的风格，长丝织物表面无毛羽，手感柔软光滑，光泽好，色泽艳丽，悬垂性好，如黏胶丝美丽绸、涤纶长丝塔夫绸、各类缎子等。

4. **按织物的染整加工分类**

（1）原色织物。也称为"本色织物"或"坯布"，是指未经过印染加工而保持原来色泽的织物，布面匀净，原色布大多数用于染色和印花的加工使用。

（2）漂白织物。是指坯布经过漂白加工处理后得到的织物。色洁白，布面匀净，一般为印染加工做准备，也可以直接使用。

（3）染色织物。是指原色织物经过染色工序加工的织物，以单色为主。

（4）印花织物。是指原色织物经过练漂加工后，再经过印花工序加工得到的表面具有花纹图案的织物。

（5）色织物。是指先将纱线染色后而织成的织物。可织造具有条格类外观的织物。可在织机上利用颜色和织物组织的变换织制成条、格及各种花型。

（6）其他新型后整理织物。其除上述的染整织物外，还可利用物理化学、机械外力等手段加工出各种新型后整理织物，如有烂花织物、轧花织物、发泡起花织物、烫花织物、起毛起绒织物等通过印染或树脂整理等功能性整理的织物。

5. **按织物的经纬纱线分类**

（1）纱织物。是指构成织物的经纬纱均采用单纱织成的织物，纱织物柔软、轻薄，如 60s×60s 纯棉色织府绸。

（2）半线织物。是指股线做经纱，单纱做纬纱而织成的织物。半线织物的特点是经向强力大，性能特点介于单纱与股线之间，如 46s/2×23s 半线咔叽。

（3）全线织物。是指构成织物的经纬纱均用股线织成的织物。全线织物厚实、硬挺。如 24s/2×24s/2 毛涤腈色织布。

（4）花式线织物。是指由不同形状、色彩和结构的花色纱线织成的织物。花式线织物的特点是织物层次丰富，外观肌理感强，花纹风格多种多样。

（二）织物的服用性能

随着人们生活水平的逐渐提高，人们选购服装时除了注重外观的美观度外，服装的服用性能也是人们选购服装的重要条件之一，不同用途的服装对面料性能的要求也是不同的，在了解纤维、纱线的服用性能后，服装设计师和纺织工作者还需要进一步了解织物的服用及加工性能，以便更合理地设计和选用面料，使设计加工的服装更好地满足人们的要求。

织物的服用性能取决于组成织物的原料、纺纱、织造工艺、纱线结构、织物结构及后整理加工方法等一系列因素，下面我们来具体概括一下织物的服用性能。

1. **织物的外观性能**

（1）织物的抗皱性。织物在使用过程中，由于外力的揉搓而发生塑性弯曲变形，从而形成不规则的皱纹，称为褶皱，能使之不产生褶皱的性能称为织物的抗皱性。抗皱性大都反映在除去引起织物褶皱的外力后，织物由于自身的弹性而逐渐回复到初始状态的能力，因此也常常称抗皱性为褶皱回复性。

抗皱性和弹性直接影响着织物的保型性，抗皱性好的织物不易褶皱，挺括度好，能保持比较稳定的外观，抗皱性差的织物制成的服装，在穿着过程中容易起皱，即使该服装有好的色彩、款式及合体性，也会影响服装的外观，而且还会沿着弯曲与褶皱产生磨损，从而加速服装的损坏。所以在面料选择时，要对织物的抗皱性有一定的相关研究。如涤纶、羊毛织物的弹性较好，抗褶皱性好，天然纤维中棉、麻、丝，还有黏胶纤维织物，抗皱性较差。

（2）织物的悬垂性。织物因自身的重量而下垂的程度及所产生一定形态的特性称为悬垂性。悬垂性好的织物能充分显示服装的轮廓美，能显示轮廓平滑的线条，波浪均匀的曲面给人以线条流畅的形态美，表现女性的优雅。轻飘、硬挺、粗涩的面料不易下垂，柔软、光滑的面料容易下垂。黏胶纤维织物具有非常好的悬垂性，毛、丝织物的悬垂性也较好，棉、麻织物悬垂性较差。一般像裙子、晚礼服、窗帘、桌布、舞台幕布等都要有较好的悬垂性。

（3）织物的刚柔性。织物的刚柔性是指织物的抗弯刚度和柔软度，织物抵抗其弯曲方向形状变化的能力称为抗弯刚度，抗弯刚度常用来评价其相反的特性——柔软度。纤维的初始模量越低，则织物越柔软，羊毛的初始模量低，具有柔软的手感，麻纤维的初始模量高，织物的手感偏硬，棉和蚕丝的手感中等。在化纤中，合成纤维的初始模量高，因此手感都较为刚硬。但锦纶的初始模量较低，因此锦纶织物的手感比涤纶、腈纶柔软。在正常的穿着过程中，内衣材料需要有良好的柔软性，以满足人体贴身与适体需要，外衣用料在穿着时保持较好的外形和具有一定的造型能力。因此，织物应具有一定的刚柔度，才能满足不同服装的需求。

（4）织物的起毛起球性。织物在日常穿着洗涤过程中，会不断地经受揉搓和摩擦，织物表面的纤维端会产生移动而松散，裸露出织物表面，并呈现许多毛茸的现象，即为"起毛"。若这些毛绒在继续穿用中不能及时脱落，而又继续经受摩擦、卷曲，互相缠绕在一起，被揉成许多球形小粒，通常称为"起球"。织物起球后，外观明显变差，降低材料的服用性能。

在各种纤维织物中，天然纤维织物（除羊毛、羊绒外）很少有起毛起球现象，再生纤维织物有起毛现象，但较少有起球现象出现，而合成纤维织物大多存在起毛起球现象，由于合成纤维本身抱合性差、强力高、弹性好，所以起球疵点更为突出，其中锦纶、涤纶、腈纶织物最为严重，丙纶、维纶织物次之。同时，短纤维织物比长丝纤维容易起毛起球，普梳织物比精梳织物容易起毛起球，捻度小的织物比捻度大的织物易起毛起球，针织物比机织物易起毛起球。

（5）织物的起拱性。织物起拱性是指服装材料在穿着过程中，肘部、膝部等弯曲部位受到反复的外力作用后，而发生拱形等形态的变化，随着长时间的反复屈曲作用和受力次数的增加，材料的内能逐渐消耗，织物的变形来不及恢复，这些部位的起拱程度越来越大，从而形成永久性变形和起拱变形。对于易起拱的服装织物，可将服装结构设计尽量宽松；在易起拱部位的里面缝里衬，加固材料以免其变形增加。在各种纤维织物中，天然纤维织物（除羊毛、羊绒外），特别是棉、麻织物起拱较为严重。

（6）织物的钩丝性。织物在穿着过程中，纤维被钩出或钩断而露出于织物表面的现象称为钩丝，在织物表面形成残疵，钩丝使织物外观明显下降，同时影响织物的耐用性能，织物钩丝主要发生在长丝织物、针织物及浮浅较长的织物中。强捻纱织物的抗钩丝性比弱捻纱织物好；全线织物的抗钩丝性比纱织物好；膨体纱织物更容易产生钩丝，平纹织物比斜纹织物和缎纹织物的抗钩丝性好，密度大的织物比密度小织物抗钩丝性好，针织物更容易产生钩丝，织物经过热定型和树脂等后整理后，能够提高织物的抗钩丝性。

（7）织物的尺寸稳定性。织物在使用过程中会产生收缩现象，尺寸会出现不稳定性，其中有自然收缩、遇热收缩和遇水收缩。自然收缩是指织物从出厂到使用前产生的收缩现象；受热收缩主要是指熨烫过程中的产生收缩和尺寸变化的现象；遇水收缩是织物经浸泡、水洗、干燥后长度、宽度发生尺寸收缩的现象。它是织物和服装的一项重要质量指标，大多数纤维遇水后都会产生少量的收缩，因此，在出厂前都有对织物和服装进行预缩处理；大多数合成纤维是热塑性高聚物，熨烫温度过高时，就会发生热收缩。

2. 织物的舒适性能

服装的舒适性主要决定于织物的性能，是人们在穿着过程中心理和生理因素的综合体现，包括通透性、吸湿性和保暖性三个方面。

（1）通透性。通透性是指穿着环境中气体、液体以及其他微小物质通过织物的能力。主要包括透气性和透水性，有时我们需要织物有较好的透通性，有时则需要织物有较差的透通性，我们需要根据服装的不同需要来选择织物。

透气性是指织物透过空气的性能，织物的透气性对舒适性有很大影响，夏季服装应具有较好的透气性，可使人们穿着服装不感到闷热。冬季外衣可选用透气性较差的织物，以保证服装具有良好的防风性能，防止身体的热量散发到空气中，以提高保暖性。织物中浮长线长的透气性好，所以平纹织物的透气性差，缎纹织物的透气性好。较厚重的织物透气性差，薄型织物透气性好。起绒织物、皮革、毛皮织物透气性差，异型纤维制成的织物透气性比圆形截面纤维制成的织物透气性好。

透水性是指使水分子从一面渗透到织物另一面的性能，因此，织物阻止水分透过的性能，称为防水性。织物的透水性和防水性是相反的两种性能。透水性主要是工业用织物的考查指标，正常服用织物需要具备一定的防水性，表面存在蜡质或油脂的织物一般具有较好的防水性；在织物结构方面，织物紧度大的水分不易通过，具有一定的防水性，在织物的后整理中通过防水整理是获得防水性的主要方法。

（2）吸湿性。吸湿性是指织物吸收气态水分的能力，织物放出气态水分的能力称为织物的放湿性，吸湿性是服装舒适性的重要因素，吸湿性好的材料能及时吸收人体排放的汗液，始终保持皮肤表面与内衣之间处于干燥状态，因此人感到比较舒适。若吸湿性差的材料，不能及时吸收人体排放的汗液，使人体皮肤表面和服装内衣间处于湿润状态，人就会感到闷热、不舒适。

天然纤维和人造纤维，都具有良好的吸湿性。其中，麻纤维吸湿散热最快，接触冷感大，因此麻纤维织物是理想的夏季衣料。羊毛和蚕丝的吸湿性也好，即使在很潮湿的环境下，感觉仍然是很干爽的。合成纤维总体吸湿性差，其中维纶的吸湿性相对好些，而丙纶的吸湿性最差，易洗、快干。合成纤维制品穿着有闷热感，但具有良好的水洗可穿性。

（3）保暖性。保暖性是指织物在有温差存在的情况下，防止高温方向向低温方向传递热量的性能，它常用相反的指标——导热系数来表示。导热系数小的织物，其保暖性好。静止空气的导热系数最小，是最好的热绝缘体。

在使用的天然纤维中，棉纤维和毛纤维的含气量较多，导热系数小，其织物的保暖性好。因此，冬季的棉衣多用棉絮、羊毛、羽绒类做絮料和填料。麻纤维的导热系数较大，而且含气量较少，因此散热快，保暖性差。但由于其织物具有吸湿散热快的优点，因此是夏季服装最理想的用料。蚕丝含气量较少，其织物的保暖性不如羊毛织物。在化纤中，腈纶的保暖性特别好，丙纶的保暖性也较好。其他的化学纤维导热系数大，因此保暖性差。纱线越粗，其储存的静止空气较多，织物的保暖性好，因此防寒服装一般选用较粗的纱线织成，夏季衣料则选用较细的纱线织成。在纱线的捻度方面，弱捻纱织物的保暖性要比强捻纱织物的保暖性好。

3. 织物的耐用性能

服用织物的耐用性能是要求服装要能经受穿着过程中所受各种外力作用，同时又能经受服装加工过程中的各种损伤，主要包括以下几种。

（1）拉伸、撕裂和顶裂性能。织物受拉伸外力作用而导致破坏的形式称为拉伸破坏，在通常穿着过程中，这种破坏不多，只是在多次反复的拉伸力作用下，产生的疲劳破坏较多；织物内局部纱线受到集中负荷而破坏，纱线逐根断裂的过程称为撕裂；织物一定面积的周围固定，从织物的一面给以垂直的力使其破坏的称为顶裂，织物在膝部和肘部的受力情况与顶裂类似，如图 2-37 所示。

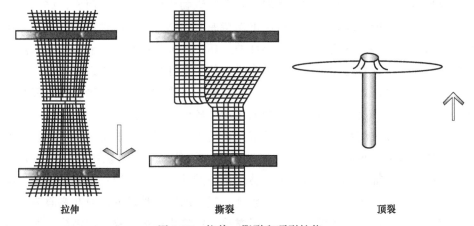

拉伸　　　　　　　　　　　　撕裂　　　　　　　　　　　　顶裂

图 2-37　拉伸、撕裂和顶裂性能

　　断裂强度和断裂伸长率是衡量拉伸性能的指标，各种纤维的不同强度和断裂伸长率决定了各类织物的拉伸性能，在天然纤维中，麻的强力最大，丝的强力与棉接近，毛的强力最低。人造纤维中，普通黏胶纤维的强力比棉低；富强纤维和强力黏胶纤维与棉接近。合成纤维断裂强度中，锦纶的强力最大，氨纶的强力是所有纺织纤维中强力最小的。合成纤维的断裂伸长率比天然纤维的断裂伸长率大，因此，合成纤维织物比天然纤维织物更耐用。

　　耐撕裂性能取决于纱线的强力，纱线强力越大则织物耐撕裂能力越好，因此，合成纤维织物比天然纤维和人造纤维织物更耐撕裂。平纹织物的撕裂强度小，方平织物的撕裂强度最大，缎纹和斜纹织物居中。

　　当织物的经纬密度相近时，顶裂强度较大；当经纬密度差异较大时，顶裂强度较小，织物厚度越大，其顶破强力也大。

　　（2）耐磨性能。耐磨性是织物抵抗磨损的性能，指织物在穿着过程中与外界物体（或织物与织物之间）反复相互摩擦，织物不产生明显损伤的一种性能，织物的磨损有平磨、曲磨和折边磨三种，分别模拟服装臀部和袜底、肘部和膝部、领口袖口和裤口等不同部位的摩擦情况，如图 2-38 所示。

　　织物的耐磨性与所用纤维的种类、纱线结构、织物组织结构、织物密度等因素均有关。在织物密度相同的条件下，交织点少的织物就不如交织点多的织物耐磨。纤维耐磨性差，其织物耐磨性也差，如棉、黏胶纤维耐磨性差，其面料就不如耐磨性好的涤纶、锦纶织物，所以常用两种或多种纤维进行混纺来弥补各自的不足，提高面料的使用价值。

图 2-38　耐磨测试仪

纱线较粗捻度较大的织物其耐磨性较好，全线织物要比纱织物的耐磨性好。

（3）耐热性能。织物在高温情况下保持原有的物理、机械性能的能力称为耐热性。织物的耐热性决定于纤维耐热性的好坏。在天然纤维中，麻织物的耐热性是最好的，其次是蚕丝和棉织物，羊毛织物的耐热性最差。在人造纤维中，黏胶织物的耐热性最好，在合成纤维中，涤纶织物的耐热性最好，腈纶次之，锦纶的耐热性较差，受热易产生收缩，维纶的耐热性较差。

（4）阻燃和抗熔性能。织物中纤维是否易于燃烧以及在燃烧过程中的燃烧速度、熔融、收缩等现象是纤维的燃烧性能，织物具有阻止燃烧的性能称为阻燃性。在纤维中，棉、麻、人造纤维和腈纶是易燃的，燃烧迅速；羊毛、蚕丝、锦纶、涤纶、维纶等是可燃的，但燃烧较慢；氯纶的阻燃性较好。对儿童服装和某些睡衣、被褥、窗帘等要求有较好的阻燃性。特殊用途的织物，如消防、军用及宇航用织物的阻燃性有特殊的要求。

织物接触火星或燃着烟灰时产生熔融现象形成孔洞，抵抗熔融、形成孔洞破坏的性能称为抗熔性。天然纤维与人造纤维吸湿性好，抗熔性好。涤纶、锦纶等由于吸湿性差，熔融所需的热量少，抗熔性较差，因此合成纤维制成的织物更容易产生熔融。

4. 织物的保养性能

（1）染色牢度。织物的染色牢度是指有颜色的织物在加工和穿着的过程中受到摩擦、熨烫、皂洗、日晒、汗渍等外界因素的影响，仍能保持原有色泽的一种能力，染色牢度与使用染料的性能、纤维材料性能、染色方法和工艺条件有着密切的关系。化学纤维织物的染色牢度要好于天然纤维织物。

（2）耐熨烫性。耐熨烫性是指织物在熨烫的情况下，保持原有的外观、物理、机械性能的能力，如果不掌握其耐熨烫性，将会带来不必要的损失。化学纤维织物的耐熨烫性较差，使用时应该严加注意，耐熨烫性实验可采用调温度斗，温度由低开始，待其冷却后观察布样变化情况，若无损伤可逐渐升高温度，直至发生变化。较好的耐熨烫织物应该是不发亮、不泛黄、不变色，但冷却后仍能恢复原样色泽，不皱缩，手感不变，织物的各项物理机械性能指标基本不受影响。

（3）耐日光性。织物接受太阳光照射，仍能保持原有外观及各种性能的能力称为耐日光性，织物中不同纤维截面形状的不同、纱线截面形状的不同均会影响光射线在其表面的反射、折射和透射情况，从而导致影响其耐光性。织物一般不宜在日光下暴晒，要在阴凉通风处阴干，这不仅有利于保持织物原有的外观风格，而且还可以延长织物使用时间。

在天然纤维中，麻织物的耐光性最好，长时间暴晒后，强度几乎不变；棉的耐光性也好，仅次于麻，但棉织物如果长时间在阳光下暴晒，强度会下降且发硬变脆。羊毛的耐光性较差，因此羊毛织物不宜长时间在阳光下暴晒，丝的耐光性是天然纤维中最差的，长时间日晒会泛黄，所以通常丝织物洗涤后适合阴干，防止丝织物在日光下暴晒。在合成纤维中，腈纶织物的耐光性最好，丙纶织物的耐光性是所有纺织纤维中最差的。在日光下暴晒，强度会显著下降，直到失去服用性能。

二、机织物的组织和结构特点

（一）机织物基本概念

由相互垂直的经纬两个系统的纱线在织机上按照一定的规律相互交织而形成的织物，称为机织物或梭织物，机织物的主要特点是有经纬向之分，在织物中，与布边平行，纵向排列的纱线为经纱，与布边垂直，横向排列的纱线为纬纱，经纱与纬纱相互交错，形成机织物，如图 2-39 所示。

机织物结构稳定，布面平整，悬垂性好，适合各种裁剪方法及印染和后整理方法，织物花色品种繁多，耐水洗，但后整理不当会造成经纬歪斜，虽弹性不如针织物，但众多优点使之被广泛用于各类服装，市销的服装当中至少有一半以上的服装为机织物所制成。

机织物内经纱与纬纱相互交错，彼此沉浮的交织规律称为机织物组织。其中机织物组织的几个相关参数概念如下。

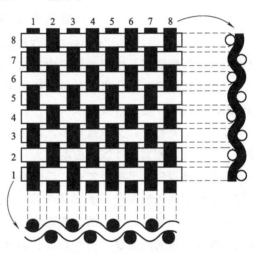

图 2-39 机织物组织结构

（1）经纬组织点。在经纬纱相交处，经纱浮于纬纱之上的交织点称为经组织点，纬纱浮于经纱之上的交织点称为纬组织点。

（2）经面组织。织物中当经组织点多于纬组织点时，称为经面组织。

（3）纬面组织。织物中当纬组织点多于经组织点时，称为纬面组织。

（4）浮长。凡连续浮在另一系统纱线上的纱线长度称为浮长。

（5）完全组织。当经纬组织点的交织规律达到一个循环时所构成的单元，称为一个完全组织或一个组织循环。

（6）完全经纱数。在一个组织循环中所有的经纱根数。

（7）完全纬纱数。在一个组织循环中所有的纬纱根数。

（8）飞数。在一个完全组织中，同一系统中相邻两根纱线上对应的组织点之间所间隔的纱线根数。相邻两根经纱上对应的组织点所间隔的纬纱根数称为经向

飞数 S_j；相邻两根纬纱上对应的组织点所间隔的经纱根数称为纬向飞数 S_w。如图 2-40 所示，经组织点 B 相应于经组织点 A 的飞数是 $S_j = 3$。

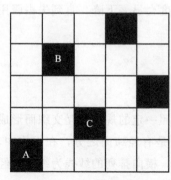

图 2-40　飞数示意图

（二）机织物组织结构

织物组织的种类繁多，可分为四类：基本组织、变化组织、联合组织、复杂组织。下面我们就来对各种织物组织做一个详细的介绍。

1. 基本组织

基本组织是构成其他组织的基础，在一个组织循环中，如果完全经纱数与完全纬纱数相等，飞数为常数，且每根经纱或纬纱上，只有一个经（纬）组织点，其他为纬（经）组织点，那么该组织就是基本组织，包括平纹组织（plain weave）、斜纹组织（twill weave）和缎纹组织（satin weave）三种，通常又称为原组织或三原组织，是机织物组织中最简单、最基本的组织。

（1）平纹组织。平纹组织是机织物组织中最简单的一种组织结构，平纹组织的经纬纱每间隔一根经纱就交织一次，每根经纱与每根纬纱间隔地沉浮交织。

外观及主要特征：交织点很多，经纬线的抱合最为紧密，相比其他组织最为轻薄，由于交织频繁，纱线弯曲度较大，织物表面光泽较柔和，平纹织物的质地最为坚牢，外观最为平挺、紧密；手感偏硬，弹性小，织物不易磨毛，抗钩丝性能好，平纹织物正反面的外观效果相同，花纹单调，但当采用不同粗细的经纬纱、不同的经纬密度、不同的捻度捻向，以及不同颜色的纱线时，就能织出呈现横向凸条纹、纵向凸条纹、格子花纹、起皱、隐条隐格等外观效果的平纹织物，还可使用各种花式线，织造出各种外观新颖的织物，如图 2-41 所示。

图 2-41　平纹织物

　　常见品种：细平布、平布、粗布、帆布、府绸、泡泡纱、凡立丁、派力司、粗花呢 、双绉、法兰绒、塔夫绸、乔其纱等。

　　（2）斜纹组织。斜纹组织是纬（经）纱连续地浮在两根（或两根以上）经（纬）纱上，组织图中相邻纱线上的组织点排列成连续的线段，这些连续的线段排列呈一条斜向织纹呈现于织物表面。

　　外观及主要特征：根据对角线的方向织物表面呈较清晰的左斜纹或右斜纹；与平纹组织相比，斜纹组织的交织次数减少，交织点少，因而浮线较长，织物光泽提高，手感较为松软，弹性较好，抗皱性能提高，强力和身骨比平纹差，易缠结，悬垂性比较好，防尘能力较好，织物厚重，具有良好的耐用性，如图 2-42 所示。

图 2-42　斜纹织物

　　常见品种：哔叽、卡其、华达呢、牛仔布 、斜纹绸、美丽绸、羽纱等。

　　（3）缎纹组织。缎纹组织是每间隔四根或四根以上的纱线才发生一次经纱与纬纱的交织，且这些交织点单独的、互不连续的均匀分布在一个组织循环内，是原组织中最复杂的一种组织。

　　外观及主要特征：缎纹组织是三原组织中交织次数最少的组织，织物表面几乎全由一种经浮长线或纬浮长线所组成，故其布面平滑匀整，富有光泽，质地柔软，该类织物比平纹、斜纹织物厚实，悬垂性好，但易摩擦起毛、钩丝，易损伤，从而降低了耐用性能，如图 2-43 所示。

　　常见品种：横贡缎、直贡呢、软缎、素缎、织锦缎等。

　　2. 变化组织

　　变化组织是在基本组织的基础上，变化某些条件而获得的各种组织称为变化组织。

　　常见的变化组织主要包括平纹变化组织、斜纹变化组织、缎纹变化组织。

　　（1）平纹变化组织。重平组织是以平纹组织为基础，沿着一个方向延长组织

图 2-43　缎纹织物

点而形成的组织，沿经向延长而得到的变化组织称为经重平，沿纬向延长而得到的变化组织称为纬重平。

重平组织的织物外观与平纹织物不同，经重平织物表面呈现横凸条纹，纬重平织物呈现纵凸条纹，并可借助经、纬纱的粗细搭配而使凸纹更为明显。重平组织一般织制色织物中的凸条纹织物，如图 2-44 所示。

当重平组织中的浮长长短不同时称变化重平组织，传统的麻纱织物就是采用这种组织，获得粗细不匀的仿麻风格织物。

方平组织也是在平纹组织的基础上，沿着经、纬方向同时延长其组织点，并把组织点填成小方块而成组织称为方平组织，当在经纬向延长的组织点数不同的情况下形成的组织称为变化方平组织。

方平组织的织物外观平整，质地松软。如以不同色纱和纱线原料，则织物表面可呈现色彩丰富、款式新颖的小方块。织物结构较松软，有一定的抗皱能力，具有良好的抗撕裂能力，悬垂性较好，但易钩丝，耐磨性不如平纹组织。中厚花呢中的板司呢采用方平组织，其他花呢和女式呢通常采用变化方平组织。方平组织常用作织物的布边组织，如图 2-45 所示。

（2）斜纹变化组织。加强斜纹是以原组织斜纹为基础，在经纬组织点旁沿经向或纬向增加其组织点而形成的组织，使得斜纹线变粗或间隔变大，如毛织物中的华达呢、卡其等，如图 2-46 所示。

复合斜纹是在一个完全组织中具有两条或两条以上不同宽度或不同间隔的斜纹线所组成的组织。不同的斜纹线的配置使得织物表面的外观效果变得更加多样化，如图 2-47 所示。

斜纹的变化组织还有山形斜纹、角度斜纹、菱形斜纹、破斜纹、芦席斜纹等，其广泛应用于各类织物。

图 2-44　重平织物　　　　　　　　　　图 2-45　方平织物

图 2-46　华达呢（加强斜纹）

图 2-47　复合斜纹

（3）缎纹变化组织。加点缎纹是以缎纹组织为基础，在其单个经（或纬）组织点四周添加单个或多个经（或纬）组织点而形成的组织。

变化组织缎纹是在一个组织循环中采用不同的飞数而构成的缎纹组织。与原组织中的缎纹相比，缎纹变化组织的外观没有较大改变，只是在抗起毛起球、抗钩丝性与耐磨性能上得到一定程度的改善。

3. 联合组织

（1）条格组织。是用两种或两种以上的组织沿织物的纵向或横向并列配置而成，能使织物表面呈现清晰的条纹外观，把纵条纹和横条纹结合起来，可构成格子外观，如图 2-48 所示。

（2）绉组织。利用织物组织中不同长度的经、纬浮长（一般不超过 3），沿纵横方向随机交错排列，结构较松的长浮点分布在结构较紧的短浮点之间，使织物表面形成起绉效果，在织物表面形成分散性的细小颗粒花纹。当采用强捻纱线织制，可加强织物的起绉效果，各不同的浮长配置得越错综复杂，起绉效果也越好，如图 2-49 所示。

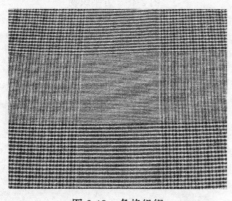

图 2-48　条格组织

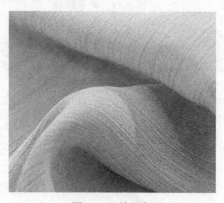

图 2-49　绉组织

（3）蜂巢组织。由长浮线重叠在短浮线之上，从而在布面呈现中间凹、四周高的蜂巢状外观的组织织物，外观经纬纱的浮长较长，菱形凹凸立体，形似蜂巢形状；织物质地松软，吸水性好，丰厚柔润，但穿着中易钩丝。适用于女外衣、童装、夏季吸汗服装，也可用于毛巾、浴衣、吸水抹布、装饰布等，如图 2-50 所示。

（4）凸条组织。凸条表面呈现平纹或斜纹组织与变化组织结合的外观，而使平纹组织拱起形成纵向或横向的凸条效应，又称灯芯条组织，该织物蓬松、保暖，有凹凸的立体感，如图 2-51 所示。

（5）透孔组织。该组织表面具有明显的均匀密布的孔眼，又因其外观与复杂组织中的纱罗组织相似，又称为假纱罗组织。透孔组织的孔眼可以按一定的规律排列出多种花型，其织物具有轻薄透气、凉爽的特点，宜做夏季服装和窗帘、桌布等装饰织物。

4. 复杂组织

复杂组织是由一组经纱与两组纬纱或两组经纱和一组纬纱构成，或由两组及两组以上经纱与两组及两组以上纬纱形成的织物。复杂组织结构可增加织物的厚度，改变织物的透气性并且结构稳定，织物表面致密、质地柔软，耐磨性好。复杂组织种类繁多，各种原组织、变化组织和联合组织都可重组为复杂组织，如图2-52所示。

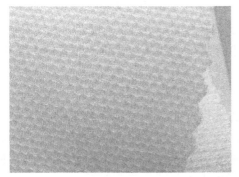

图 2-50　蜂巢组织

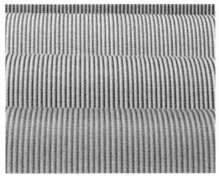

图 2-51　凸条组织

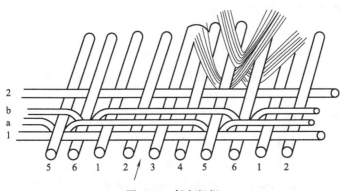

图 2-52　复杂组织

　　复杂组织主要有双层组织、经（纬）二重组织、经（纬）起毛组织、毛巾组织和纱罗组织等。双层组织可以获得丰富的色彩和纹样效果，提高织物厚度等，因而具有广泛的用途，可以用于两面穿服装，是西服用双面毛料。起毛组织织物质地厚实，保暖性好，手感柔软，应用也很广泛，如灯芯绒、平绒、天鹅绒等织物；纱罗组织的表面具有清晰而匀布的孔眼，因而具有良好的透气性，且质地轻薄，适用于夏季服装面料及窗帘、蚊帐等室内装饰用品。

　　（三）机织物的物理指标

　　1. 机织物的密度与紧度

　　机织物的密度是系指沿织物纬向或经向单位长度内经纱或纬纱排列的根数，即纱线排列的疏密程度，分为经向密度和纬向密度。一般用单位长度10cm内的纱线根数来表示，如经密为230根/10cm，纬密为206根/10cm，235×210一般则表示织物经向密度为 235 根/10cm，纬向密度为 210 根/10cm。

如织物中经纬纱线的粗细不同时，单靠密度不能完全反映织物中纱线的紧密程度，必须同时考虑经纬纱线的细度和密度，所以需要采用织物的紧度来表示。织物的总紧度是指织物中纱线的投影面积与织物的全部面积之比。

织物密度的大小以及经、纬向密度的配置，对织物的重量、手感、坚牢度、吸湿透气性、传热保温性、悬垂性等性能都有影响。当织物的密度大时，织物重量增加，比较坚牢，手感也偏硬，透气性下降，如果密度小则织物稀疏、轻薄、较柔软。

2. 机织物的匹长

织物的匹长是指每匹布的长度，通常以米来表示，棉织物的匹长一般在 30~60m；毛织物中精纺呢绒的匹长为 50~70m，粗纺呢绒的匹长为 30~40m；丝织物的匹长为 20~50m；麻类夏布的匹长为 16~35m。机织物的匹长主要根据织物用途、织物厚度与织物的卷装容量等因素而定。

3. 机织物的幅宽

织物的幅宽一般以厘米来表示，根据织物的用途、生产设备、产量和节约用料等因素而定，幅宽可分为中幅、宽幅和超宽幅三大类。随着纺织服装工业的发展，宽幅织物的需求量在不断增大，其宽幅织物的用途也大大增加，因此纺织用的织机设备在不断改进，当今，织物的幅宽根据需求已越来越宽，窄幅织物正在逐渐被淘汰。

4. 机织物的重量

机织物的重量是指在公定回潮率时，单位面积织物的重量，通常以每平方米克重（g/m²）或每米克重（g/m）来计量。它影响了服装的服用性能、加工性能、外观造型及用途，同时也是价格计算的主要依据，随着生活水平和审美能力的提高，人们对更加轻便、舒适的服装需求更多。

5. 机织物的厚度

机织物的厚度是织物在一定的压力下，织物正反面之间的距离，织物厚度一般用厚度仪测定，通常用毫米（mm）来表示。织物的厚度对织物的外观、保暖性、透气性、悬垂性、弹性、刚柔性等服用性能都有很大影响。但在织物贸易中一般不测其厚度，很少使用织物的厚度指标，一般用上面提到的织物重量来表示织物的厚薄程度，作为价格计算的主要依据。

三、针织物的组织和结构特点

针织物是纺织面料中的一个重要大类，随着人们生活水平的提高和城市工作压力的困扰，人们更加向往自由、轻松悠闲，不受束缚的生活方式，传统的机织面料的弹性和柔软性较差，穿着过程中对人体有一定的束缚性，针织物以柔软舒适、富有弹

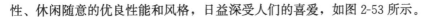

性、休闲随意的优良性能和风格，日益深受人们的喜爱，如图 2-53 所示。

图 2-53 针织物

随着高新技术的广泛应用，针织面料的品种越来越丰富，服装用针织物除了广泛用于内衣、T 恤衫、羊毛衫、运动休闲服、袜品、手套等领域外，多功能、高档化和独特外观使针织物在时装领域也得到应用，同时，针织物既可以加工成用于剪裁服装用的坯布，也可应用各种原料在不同的针织设备上进行直接的成型编织，无需剪裁，所以服用针织物的品种繁多，应用的领域也越来越广，其发展前景日益广阔。

（一）针织物的基本概念

针织物不同于机织物，是纱线先被弯成线圈，线圈按一定的规律，一行行一列列地相互串套而形成各种针织物，因此，针织物具有良好的延伸性、弹性、柔软性、保暖性、通透性以及吸湿性等，但也容易产生脱散、卷曲和易起毛、起球和钩丝等问题。

针织物根据生产方式不同，可分为纬编针织物和经编针织物两种方式。线圈按照经向配置串套而成的针织物为经编针织物，如图 2-54 所示；线圈按照纬向配置串套而成的针织物为纬编针织物，如图 2-55 所示。

针织物的基本单元是线圈，每个线圈由圈柱和圈弧两部分组成，如图 2-56 所示，1→2 和 4→5 表示为线圈圈柱；2→3→4 和 5→6→7 表示为线圈圈弧。

其他针织物组织的相关参数概念如下。

（1）线圈横列。在针织物中，线圈按横向连接的行列称为线圈横列。

（2）线圈纵行。在针织物中，线圈沿纵向串套的行列称为线圈纵行。

（3）圈距。按线圈横列方向，两个左右相邻线圈对应点间的距离 A 称为圈距。

（4）圈高。按线圈纵行方向，两个上下相邻线圈对应点间的距离 B 称为

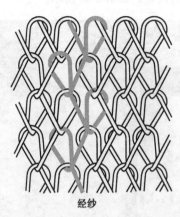

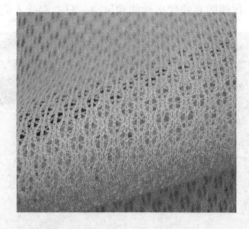

图 2-54　经编结构示意图及制品

经纱

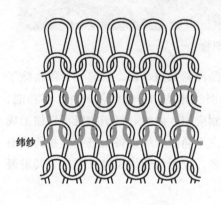

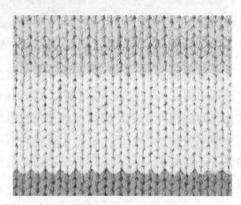

图 2-55　纬编结构示意图及制品

纬纱

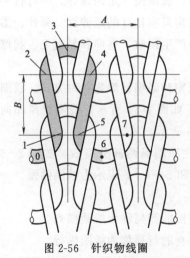

图 2-56　针织物线圈

圈高。

（5）针织物正面。由线圈圈柱覆盖圈弧的一面称为针织物正面。

（6）针织物反面。由线圈圈弧覆盖圈柱的一面称为针织物反面。

（二）针织物组织结构

按线圈形态结构不同、组合方式不同，及其相互间的排列方式不同，针织物可分为基本组织、变化组织和花色组织。

1. **基本组织**

基本组织是由线圈以最简单的方式组合而成。例如，纬平针组织、罗纹组织、双反面组织、经平组织、经缎组织和编链组织。

（1）纬平针组织。纬编针织物中最简单的基本组织，它是由连续的单元线圈单向相互串套而成的单面纬编针织物，是单面纬编针织物的基本组织。纬平针织物的两面具有不同外观，织物正面平坦均匀并呈纵向条纹的外观，反面为横向的圆弧边缘，具有显著的卷边现象，织物的纵行边缘线圈向织物的反面卷曲，横列边缘线圈向织物的正面卷曲，如图 2-57 所示。

纬平针组织结构简单，表面平整，有较好的延伸性，且横向比纵向延伸性还好，手感柔软，透气性好。但可沿织物横列和纵行方向脱散，有时还会产生线圈歪斜。纬平针组织在服装上广泛应用于内衣、汗衫、羊毛衫、袜子等。

图 2-57　纬平针组织正反面

（2）罗纹组织。是由正面线圈和反面线圈纵行以一定组合相间配制而成的双面针织物。不同的组合配置，如 1＋1 罗纹组织、2＋1 罗纹组织、2＋3 罗纹组织等，如图 2-58 所示。

罗纹组织的外观呈多变的纵条纹效应，圆润、饱满，富有立体感，横向具有极高的弹性和延伸性，顺编织方向不能脱散，无卷边性。常用于要求较高弹性的内外衣、弹力衫、毛衫，以及袖口、领口和裤口等部位。

（3）双反面组织。是由正面线圈横列和反面线圈横列以一定的组合相互交替配制而成的双面针织物，如 1＋1、2＋2、3＋3、2＋3 双反面组织等，双反面组织正、反两面都显示出线圈反面的外观，故称双反面组织。

双反面组织的针织物比较厚实，织物的正反面都呈现反面横列的外观，将正面线圈都覆盖着，双反面组织纵横向的弹性和延伸度较大且相近；卷边性随正面线圈横列和反面线圈横列的组合不同而不同，散性与纬平针组织相同，因而适用

图 2-58　罗纹组织

于婴儿服装、袜子、手套、毛衫、头巾等成型针织品。

（4）经平组织。经平组织是每根纱线轮流在相邻两枚织针上垫纱成圈的经编组织，即同一根经纱所形成的线圈轮流配置在两个相邻线圈纵行中，由两个横列组成一个完全组织。

经平组织在纵向或横向具有较大的延伸性；经平组织在受力情况下可以产生一定的卷边，横向拉伸时织物的横列边缘向正面卷曲，纵向拉伸时纵行的边缘向反面卷曲，逆编织方向可以脱散，广泛用于内外衣、T恤、汗衫、背心等。

（5）经缎组织。每根经纱顺序地在相邻纵行内构成线圈，并且在一个完全组织中有半数的横列线圈向一个方向倾斜，而另外半数的横列线圈向另一个方向倾斜，逐渐在织物表面形成横条纹效果。

经缎组织织物延伸性较好，比经平组织织物厚实；有一定卷边现象；当一根纱线断裂时可逆编织方向脱散；经缎组织与其他组织复合，可得到一定的纹效果，常用于拉绒织物等外衣。

2. 变化组织

变化组织是在一个基本组织的相邻线圈纵行间配置一个或几个基本组织的线圈纵行而成。例如，双罗纹组织、经绒组织和经斜组织。

（1）双罗纹组织。又称棉毛组织，是由两个罗纹组织彼此交叉复合而成，反面线圈纵行上配置另一个罗纹组织的正面线圈纵行，故织物正反面都显示为正面线圈。

双罗纹织物又俗称棉毛布，结构稳定，织物厚实，柔软保暖，保暖性好，抗脱散性较好，无卷边性，双罗纹组织的延伸性和弹性都比罗纹组织小，具有一定悬垂性，广泛用于内衣和运动衫裤。

（2）经绒组织。它是由每根经纱轮流在相隔两枚针的织针上垫纱成圈而成。由于线圈纵行相互挤住，其线圈形态较平整，卷边性类似纬平针组织，横向延伸性较小，逆编织方向脱散，广泛用于内衣、外衣、衬衫等。

（3）经斜组织。经斜组织由每根纱线轮流在相隔三枚针的织针上垫纱成圈而织成。经斜组织横向延伸性小，外观有如纬平针织物的线圈圈柱，因此常将其反面朝外使用。经斜组织与其他组织织成的经编织物，广泛用于外衣面料。

3. 花色组织

花色组织是以基本组织或变化组织为基础，利用线圈结构的改变，或编入一些辅助纱线或其他纺织原料制成的织物，花色组织包括提花组织、集圈组织、添纱组织、衬垫组织、衬纬组织、毛圈组织、长毛绒组织、波纹组织、网眼组织等，如图 2-59 所示，这些组织都广泛用于服装面料和衬料。

图 2-59　花色组织

（三）针织物的物理指标

1. 线圈长度

针织物的线圈长度指针织物每个线圈的直线长度，即圈柱与圈弧长度之和，一般以毫米（mm）计，是针织物重要的物理指标，会影响织物的密度、脱散性、延伸性、弹性、耐磨性和抗起毛起球性等性能，直接关系到针织物的服用性能。

2. 针织物密度

针织物的密度是指织物在横向和纵向单位长度内的线圈数，分为横向密度和纵向密度，横密是沿线圈横列方向上，以 5cm 内的线圈纵行数来表示；纵密是沿线圈纵行方向上，以 5cm 内的线圈横列数来表示，总密度则表示为 5cm×5cm 内的线圈数。

针织物的密度与线圈长度、纱线特数和织物组织直接相关，实际生产中，当纱线粗细相同时，常用密度来比较不同织物的稀密程度，密度除了影响针织物的脱散性、延伸性、弹性和抗起毛起球等性能外，还影响织物的手感和尺寸稳定性等。

3. 针织物匹长

针织物的匹长由工厂的具体条件而定，一种是定重方式，即每匹的重量一定，纬编针织物的匹长用定重方式而确定，一般情况：汗布匹重为12kg＋0.5kg，绒布匹重为14kg＋0.5kg；一种是定长方式，即每匹长度一定，人造毛皮针织布匹长一般为30～40m。

4. 针织物幅宽

经编针织物成品幅宽随产品品种和组织而定，取决于参加编织的针数和织物的组织、密度以及纱线线密度等因素，纬编针织物成品的幅宽主要与加工用的针织机种类和组织结构等有关，由于针织机有横机、双面机、罗纹机、提花机等多种，幅宽根据具体织物品种而决定。

5. 针织物重量

针织物重量是针织物的重要物理指标之一，其重量表示与机织物相同，用织物单位面积每平方米织物的重量克数（g/m²）来表示。产品的用途不同，针织物的单位面积重量不同，影响了服装的服用性能、加工性能、外观造型及用途，同时也是厚度比较和价格计算的主要依据。

四、非织造布的结构特点

1. 基本概述及发展

非织造物从20世纪40年代开始工业生产，1942年，美国一家公司首次大批量生产出数千码非织造布，取名"nonwoven fabric"。我国从1958年开始对非织造布进行研究，1978年后开始走向发展的道路，并称之为"非织造布"。

非织造布是指不经过传统的机织和针织的织造方法，而直接将纤维、纱线经过机械或化学加工，通过摩擦加固、抱合加固或黏合加固，使之黏合或结合成薄片状或毛毡状结构的纤维，其中纤维相互呈杂乱状态或是定向铺置，由于没有经过纺纱和织造工艺，非织造布又称无纺布或不织布，如图2-60所示。

2. 非织造布的特点及分类

非织造布是以纤维的形式存在于织物中的，而不同于传统纺织品是以纱线的形态存在于织物中，这是非织造布区别于纺织品的主要特点。同时，与机织物和针织物相比，非织造物的结构蓬松、重量较轻，对其保温性、透气透湿等特性会有一定影响；非织造物的强力和弹性，一般比机织物和针织物的要小很多；就其风格而言，非织造物的风格与机织物和针织物有较大的不同，生产方法也有很大

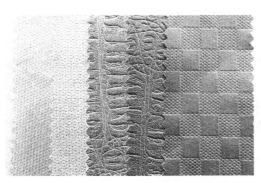

图 2-60 非织造布

差异。

但是，非织造物由于工艺流程短、产品原料来源广、产量高、成本低、品种多、适用范围广而迅速发展。同时，由于近年许多新型非织造布生产技术得以发展和商业化及化学工业的飞速发展，特别是塑料、合成高聚物和化学纤维的出现，性能优良的新型纤维和结合剂的开发，生产非织造布的新型设备问世，新技术、新工艺的不断产生，其应用领域也日益广阔。

非织造布按不同的分类方法分为很多种类：按厚薄分，有厚型非织造布和薄型非织造布；按使用强度分，有耐久型非织造布和用即弃非织造布（即一次性产品）；按应用领域分，有服装制鞋用非织造布、医用卫生保健非织造布、装饰用非织造布和其他非织造布；按加工方法分，有干法非织造布、湿法非织造布和聚合物直接成网法非织造布。

3. 非织造布在服装方面的应用

目前，常用的非织造布，大多外观缺少艺术性，没有机织物和针织物较好的外观风格，在悬垂性、弹性、强度、质感等服用性方面，也与传统服装用织物的要求有一定差距，所以非织造布尚不能完全取代传统服装用织物，成为主要的服装用料，大多是应用在一次性工作服装或辅料方面。

"用即弃"衣料：一次内裤、医疗工作服等。

外衣面料：有缝编衬衫料、缝编儿童裤料、针刺呢等。

仿皮革料：缝编仿毛皮、仿山羊皮、仿麂皮、合成面革、合成绒面里子革。

絮片：热熔絮棉、喷浆絮棉。

衬里料：热熔衬、肩衬、胸衬、鞋衬、帽衬等。

第四节 服装用辅料

在服装加工制作中，除了服装面料以外，用于服装上的其他一切材料都称为辅料，是构成服装整体的重要材料。面料与辅料在使用中不分主次，同等重要，二者缺一不可。

服装辅料的功能性、服用性、装饰性、耐用性等性能直接关系到成衣的品质，它不但决定着服装的色彩、造型、手感、风格，而且影响着服装的加工性能、服用性能和价格及销售情况。服装辅料的种类很多，性能和用途也不尽相同，在选用服装辅料时，必须考虑服装的种类、穿着环境、款式造型与色彩、质量档次、服用保养方法与性能等因素，使得辅料在外观、性能、质量和价格等方面与整体服装有较好的搭配。

一般来说，服装用辅料可以包括以下几大类，主要有服装里料、填充材料、服装衬垫材料、线类材料、紧扣类材料以及其他装饰类材料等，本节将对服装辅料的作用、品种性能及选配方法做以详细的介绍。

一、服装里料

服装里料通常是指服装最里层用来全部覆盖（或部分覆盖）服装里面的材料，是服装的里层材料，即通常所说的里子。服装里料是服装辅料的一大类，在服装中起着十分重要的作用，一般中高档服装或外衣型服装均应加服装里料。

（一）里料的作用

1. 改善服装外观，提高服装档次

里料覆盖了服装的接缝、缝头及其他辅料裸露部分，使服装显得光滑而平整美观，大多数有里料的服装比无里料的服装档次高；里料能给予服装以附加的支持力，提高了服装的抗变形能力，并减少服装的褶皱，使服装获得良好的保型性，里料也常常与面料相呼应，起到美化装饰作用。

近几年，很多服装品牌公司会在服装里料上织制或印制本品牌的商标或品牌标志的图案及文字，使得里料显得更加美观，提高服装档次，也起到了很好的服装品牌宣传作用，如图 2-61 所示。

2. 穿脱方便、保护面料

服装如附上里料，可以防止人体汗渍或其他脏污浸入面料，保护面料不被沾污，同时减少人体或内衣与面料的直接摩擦，延长面料的使用寿命；服装里料大多选用光滑柔软的长丝型织物，在穿脱服装时可起到顺滑作用，穿着舒适度可大大提高。

3. 改善服装舒适性能

柔软的服装里料可以改善服装的柔软度，使其穿着触觉舒适，附带里料的服装由于多了一层材料，提供了一个空气夹层，使服装增加了厚度，对服装可起到一定的保暖和防风作用。

图 2-61 里料

（二）里料的种类

服装的里料分类方法有很多，可按里料的织物组织分为平纹、斜纹、缎纹和提花等；也可按染整加工分为染色、印花、色织，以及其他整理工艺等；为了更便于理解，我们将其按加工的原料分为以下几种。

1. 天然纤维里料

（1）棉布里料。棉布里料吸湿性、透气性好，不易起静电，穿着柔软舒适，耐热性及耐光性较好，耐碱而不耐酸，色谱全，色泽鲜艳，可水洗、干洗及手洗，也可以通过高温蒸煮进行消毒，价格低廉。缺点是里料不够光滑，弹性较差，易褶皱。棉布里料主要用于婴幼儿服装、中档夹克衫、便服及耐碱性功能服装等。

（2）真丝里料。真丝里料吸湿性强，透气性好，轻薄、柔软、光滑，穿着舒适凉爽，手感极好，但价格较高，无静电现象，耐热性较强但比棉差些。缺点是耐磨性和坚牢度较差，较易脱散且加工要求高，耐光性差，不宜勤洗，否则会泛黄失去光泽。对盐的抵抗力较差，易受霉菌作用。真丝里料主要用于高档服装，尤其适用夏季高档轻薄型服装。

2. 化学纤维里料

（1）黏胶纤维里料。黏胶纤维里料具有良好的吸湿透气性和舒适性，被广泛地用作服装里料。其手感柔软滑爽，颜色鲜艳、色谱全，光泽好，价格便宜；缺点是弹性及弹性回复能力差，易起皱，不挺括，湿强较低，洗涤时不宜用力搓洗，以免损坏，黏胶里料缩水率较大，尺寸稳定性差，在裁剪时应先经缩水处理，并留出裁剪余量。黏胶纤维里料主要用于秋冬季中高档服装。

（2）醋酯纤维里料。醋酯纤维里料表面光滑柔软，具备高度贴附性能和舒适的触摸感觉、光泽近似天然蚕丝光泽。弹性和保暖方面都优于黏胶纤维里料，有一定的抗皱能力，其吸湿性差，缩水率小，耐磨性也较差。醋酯纤维里料由于光泽好，多用于女式高档时装、礼服及针织和弹性服装。

（3）涤纶里料。涤纶里料弹性好不易起皱，坚牢挺括，易洗快干，不缩水，尺寸稳定，强力高，耐磨性好，不易虫蛀不霉烂，易保管，光滑易穿脱，价格低廉。缺点是吸湿性差，透气性差，易产生静电，易吸灰尘，易起毛起球。涤纶里料物美价廉，是目前国内外较普遍采用的服装里料。

（4）锦纶里料。锦纶里料耐磨性好，抗皱性能差于涤纶，透气性优于涤纶，不易虫蛀不霉烂。缺点是不挺括，耐热性、耐光性都较差，易产生静电。锦纶里料主要用于登山（羽绒）服、运动服、女装等，但不适用于夏季服装。

3. 混纺里料

（1）涤棉混纺里料。涤棉混纺里料结合了天然纤维与化学纤维的优点，吸水，坚牢挺括，价格适中，光滑，穿脱方便，适应各种洗涤方法。适用于羽绒服、夹克和风衣等服装的里料。

（2）黏胶长丝与棉纱交织里料。该里料以黏胶有光长丝为经纱与棉纱为纬纱而交织成的斜纹织物被称为羽纱，其正面光滑如绸，反面如布。具有天然纤维的优点，且缝制加工方便，适用于各类秋冬季服装里料。

（3）涤纶与黏胶纤维交织里料。该里料由于吸收了两种原料的优点，在性能上满足了男女高档服装的要求，另外因经纬纱原料的不同，可以染不同颜色，具有闪光效果，让里料更显富贵华丽的气质，适用于各类秋冬季服装里料。

4. 里料的选用

在选用服装里料时应该注意以下几个方面。

（1）里料应具有一定的悬垂性，抗静电性、防脱散性及光滑性。里料要求柔软轻盈，悬垂性好，如果里料过硬过重，则与面料不贴合，外观则不平整，同时里料应有较好的抗静电性，否则会引起穿着不适，并产生服装走形；避免使用易脱散的里料，以免服装缝合处拔丝；里料应较为光滑才有利于穿脱。

（2）里料的服用性能要与面料相匹配。里料的缩水率、热缩性、耐热、耐洗性能及强力和厚薄都应与面料性能相匹配。对于特殊环境中穿着的功能服装，更要注意里料的功能性应与面料相匹配。

（3）里料的颜色应和面料的颜色相协调。一般里料的颜色应与面料相近且不能深于面料颜色，还应注意里料的色牢度和色差，以防止面料沾色或脱色而玷污面料。既要考虑美观实用，又要考虑经济实惠的原则，以降低服装成本，确保里料与面料的质量、档次相匹配。

二、服装絮填料

服装的絮填料是指应用于服装面料与里料之间的填充材料，日常生活中服装的絮填材料主要是为了起保暖作用，如图 2-62 所示。

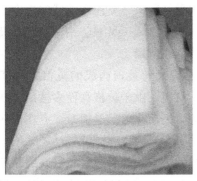

图 2-62　絮填料

（一）絮填料的作用

1. 增加服装的保暖性

服装加入絮填料后，厚度增加，从而增加了服装内静止空气的含量，而静止空气的导热系数是最小的，最具有保暖性，也可阻止外界冷空气的侵入；同时，絮填料可以吸收外界热量，并向人体传递，产生热效应，所以服装加入一定量的絮填料后保暖性会得到提高。

2. 提高服装的保型性

服装加入絮填料后，可以变得挺括，具有一定的保型性。设计师可利用絮填料，来使服装获得一定的预想的款式造型。

3. 使服装具有特殊功能性

随着科学技术的发展，服装用的絮填材料已不仅包括传统的起保暖作用的棉、绒及动物的毛皮等，一些具有多功能的新型填充材料日益增多，多趋向于功能性。

（二）絮填料的种类

服装用絮填料的种类很多，可分为以下几类。

1. 纤维材料

（1）棉花。棉花的吸湿透气性好，比较蓬松，中间可储存很多的静止空气，静止空气是最保暖的物质，所以其保暖性很强；由于棉花弹性较差，受压后弹性回复性与保暖性都有所降低，并且棉花在水洗后很难晾干，容易变形。由于棉花价格适中，且十分舒适，所以常被用于婴幼儿服装和中低档服装的填充材料。

（2）动物绒。常用的动物绒毛絮填料有骆驼绒和羊毛绒，它们都是高档的保暖材料，蓬松保暖、舒适，其保暖性好，但易毡结，不能水洗，如混以部分化学纤维则有所改善，由它们制成的防寒服装挺括而不臃肿。

（3）羽绒。羽绒主要是鸭、鹅、鸡、雁等家禽类毛绒，羽绒很轻且导热系数很小，蓬松性好，是人们喜爱的防寒絮填料之一。含绒率是衡量羽绒材料质量和档次的指标之一，含绒率高，保暖性好。用羽绒絮料时要注意羽绒的洗净与消毒处理，同时服装面料、里料及羽绒的包覆材料要紧密，具有防钻绒性。在设计和加工时，还要防止羽绒下坠而影响服装的造型和使用。

（4）丝棉。丝棉是蚕丝或剥取蚕茧表面的乱丝整理而成的类似棉花絮的物质，光滑柔软，质地轻而薄，是很好的保暖材料，由于价格高而多被用于高档服装，丝棉也有向服装面料或里料外露的问题，因而在絮填丝棉时，应在面和里内包覆材料。

（5）化学纤维絮填料。随着化学纤维的发展，用作服装絮填材料的品种也日益增多，价格便宜，使用日益增多。在服装絮填料中用到的腈纶因其轻而保暖，回弹性好，透气性强，而且还耐水洗，已被广泛用作絮填材料；中空涤纶以其优良的手感、弹性和保暖性也受到广大服装消费者的青睐。

2. 天然毛皮与人造毛皮

（1）天然毛皮。天然毛皮主要有毛被和皮板部分构成，皮板密实挡风，而绒毛又能储存大量的空气，所以保暖性能非常优越。高档的天然毛皮大多用作裘皮服装的面料，而其中较中低档的毛皮（例如山羊毛皮、绵羊毛皮等）则在高寒地区常被制成皮袄，一般皮袄有面有里，这些毛皮可以起到絮填料的作用。

（2）人造毛皮。由羊毛或毛与化纤混纺制成的人造毛皮以及精梳毛纱及棉纱交织的拉绒长毛绒织物，因织物丰厚且保暖性好的特性而被广泛用作为服装的絮填料，它们制成的防寒服装既保暖又轻便，挺括而不臃肿，耐穿性好，价格低廉，同时，在服装缝制加工时也较方便。

3. 特殊功能性絮填料

随着科学技术的发展，一些具有多功能的新型填充材料日益增多，例如，使用消耗性散热材料、循环水或饱和碳化氢，可以达到防热辐射功能；使用远红外线或加入药剂的絮填材料，可达到卫生保健功能；在潜水服夹层内装入电热丝可以为潜水员达到保温功能；在服装夹层中加入冷却剂，通过冷却剂循环，可以达到使人体降温的功能；在用防水面料制作的新型运动服内，采用甲壳质膜层作夹层能迅速吸收运动员身上的汗水并向外扩散以达到吸湿功能。

三、服装衬料

衬料是指用于面料和里料之间，附着或粘合在面料反面的材料，可是一层或几层，是服装的骨架和支撑，服装借助衬料的支撑作用，才能形成多种多样的款式造型，它是辅料的一大种类，如图 2-63 所示。

（一）服装衬料的作用

服装衬料对服装有平挺、造型、加固、保暖、稳定结构和便于加工等作用。主要用于领子、袖口、口袋及袋盖、挂面、胸部、腰头等位置。衬布所在的位置

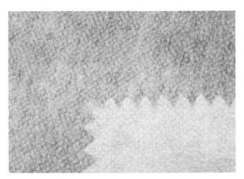

图 2-63 衬料

不同，所存在的目的、作用不相同，衬料在服装中所起的作用主要有如下几个。

1. 使服装获得较好的造型

在不影响面料手感、风格的前提下，借助衬的硬挺度和弹性，可使服装平挺、宽厚或对人体起修饰作用，达到预期的造型效果，西装的胸衬可使服装丰满挺括，增加服装的立体感，服装竖起的立领可用衬料来达到竖立且平挺的效果。

2. 保持服装结构尺寸稳定

使用衬料后，服装的受拉伸部位不易被拉伸变形，可保证服装的结构形状和尺寸的稳定（如门襟、袖窿、领窝等部位）另外，衬布的使用也可使服装洗涤后不变形，从而保证了服装的形态稳定性和美观性。

3. 有利于服装加工

柔软光滑的真丝绸缎等面料用衬后可改善缝纫过程的可握持性，有利于服装缝制的加工。在服装的折边如止口、袖口衩及袖口、下摆边以及下摆衩等处，用衬可使折边更加清晰、笔直、折线分明，既增加美观性又提高服装的档次。

4. 提高服装的抗皱能力和强力

用衬能增加服装的挺括性和弹性，衣领、驳头、门襟和前身用衬均可使服装平挺而抗褶皱，使服装不易出皱，服装多加了一层材料的保护和固定，使面料（特别在省道和接缝处）在缝制和服用过程中免遭过度拉伸，被频繁拉伸而磨损，影响服装的外观和穿着时间，提高服装的强度。

5. 提高服装的保暖性

用衬布后使服装的厚度和紧密度增加（特别是前身衬、胸衬或全身使用粘合衬），因而，衬布可提高服装的保暖性。

（二）服装衬料的种类

衬料的分类方法和种类有很多，下面进行衬料种类的简单介绍。

1. 棉衬、麻衬

棉衬、麻衬是采用棉或麻的纯纺或混纺为原料织成的平纹织物，是一种传统的衬布，棉软衬，手感柔软，用于挂面、裤腰或与其他衬搭配使用，以适宜服装各部位软硬和厚薄变化的要求，可以作为一般服装质量的衬布。麻衬由于麻纤维刚度大，具有较好的弹性与硬挺度，被广泛应用于各类毛料制服、中山装、西装、大衣等服装的制作。但棉、麻衬有水洗后保型性差、洗后不易干、厚重等缺点。

2. 毛衬

毛衬是利用毛发类纤维的弹性、刚度起到支撑、挺括作用的一种衬料。毛衬有黑炭衬和马尾衬两种。

马尾衬是以马尾鬃作为纬纱、以棉纱或涤棉混纺纱作经纱织制而成的衬布，因马尾衬主要靠手工或半机械织造，且受马尾长度的限制，所以普通马尾衬幅宽受限，产量较低且未经后整理加工；由于马尾鬃的弹性很好，马尾衬柔韧而有弹性，不易褶皱，而且在高温潮湿条件下更易进行服装造型，但制作成本比较高，所以马尾衬是燕尾服、礼服、西服等高档服装的用衬。

黑炭衬是以毛纤维（牦牛毛、山羊毛、人发等）纯纺或混纺纱为纬纱，以棉或棉混纺纱为经纱织制而成的平纹布，再经树脂整理和定型而成的衬布。黑炭衬纬向弹性好，挺括，塑型效果好，主要用于大衣、西服、外衣等前衣片胸、肩、袖等部位，使服装丰满、挺括并具有弹性，同时具有较好的尺寸稳定性。

3. 树脂衬

树脂衬是一种传统的衬布，是对棉、化纤等纯纺或混纺平纹布浸轧树脂胶而制成的衬料，以棉、化纤及混纺的机织物或针织物为底布，经漂白或染色等其他工序，并经树脂整理加工制成的衬布，有纯棉树脂衬布、混纺树脂衬布、纯化纤树脂衬布等。由于树脂衬布具有成本低、硬挺度高、弹性好、耐水洗、不回潮等特点，广泛应用于服装的衣领、袖口、口袋、腰及腰带等部位，但是，树脂衬有易泛黄、环保难达标的问题，目前已逐渐被粘合衬所代替。

4. 腰衬

腰衬多采用锦纶或涤纶长丝或涤棉混纺纱线织成不同腰高的带状衬，按照不同的腰高制成带状的衬布条。腰衬是专门用于裙腰、裤腰的中间层的条状衬布，带状衬上织有凸起的橡胶织纹，以增大摩擦阻力，防止裤、裙下滑，可以使腰头硬挺，有很好的保型作用。它是将树脂衬通过撒粉法撒上热熔胶，形成暂时性粘合树脂衬制成，然后用切割机裁成条状，使用时只需用熨斗将腰衬与面料压烫粘合即可。

5. 牵条衬

牵条衬以棉、涤棉、涤纶等为材料，底布有机织布、针织布、非织造布等衬料，常用在服装的驳头、袖窿、止口、下摆衩、袖衩、滚边、门襟等部位，起到加固补强的作用，又可防止脱散，也可用于西服部件衬、边衬、加固衬，起到保持衣片平整立体化、防止卷边、伸长和变形的作用。牵条衬的经纬向与面料或底料的经纬向呈一定角度时，才能使服装的保型效果较好。特别在服装的弯曲部位，更能显示其弯曲自如、熨烫方便的优点。

6. 领带衬

领带衬是以羊毛、化纤、棉、黏胶纤维纯纺或混纺，交织或单织而成基布等为原料制成底布，再经过煮炼、起绒、树脂整理等工艺加工而成，用于领带内层，起到很好的保型作用，并能增加领带的强力和弹性等。

7. 纸衬

纸衬的原料是树木的韧皮纤维，在裘皮和皮革服装及有些丝绸服装制作时，为了防止面料磨损和使折边丰厚平直，需采用纸衬。在轻薄和尺寸不稳定的针织面料上绣花时，在绣花部位的背后也需附以纸衬，以保证花型准确成型。

8. 粘合衬

粘合衬也称为热熔衬，在背面有一层黏合剂，使用时不需繁复的缝制加工，这种黏合剂经过一定的温度和压力，就可以牢牢地粘合在面料上，被粘合的面料不起泡、无皱纹、平整挺括，粘合衬具有不缩水、不变色、不脱胶、不渗料、粘合牢度高、耐洗涤、弹性好等特点，粘合衬的使用，不但大大简化了工艺流程，提高了工效，并且改善了服装的外观和服用性能，是现在服装衬布中使用最广，也是最主要的衬料。

粘合衬分类一般是按底布（基布）种类、热熔胶种类、热熔胶的涂布方式及粘合衬的用途而分类的。

按基布种类可以分为：机织粘合衬、针织粘合衬和非织造布粘合衬。

按热熔胶的类别可以分为：聚酰胺（PA）热熔胶粘合衬、聚酯（PES）热熔胶粘合衬、聚乙烯（PE）热熔胶粘合衬、聚氯乙烯（PVC）热熔胶粘合衬、乙烯-醋酸乙烯共聚物（EVA）等。

按热熔胶涂层方式可以分为：粉点粘合衬、浆点粘合衬、双点粘合衬、撒粉粘合衬和薄膜涂布粘合衬。

按粘合衬的用途可以分为：主衬、补强衬、牵条衬、双面衬等。

(三) 服装衬料的选用

合理地选择衬料是服装制作的关键，质量高的面料，相应要选用好的衬料，否则其面料外观将受到影响，相反，若面料差些，但用合适的衬料做出的服装却能附体挺括，从而弥补面料的不足。由此可见，合理适当的选用衬料是十分重要的。

1. 衬布与服装面料的服用性能相匹配

主要针对衬布的颜色、单位重量、厚度、悬垂性、缩水率等方面应与面料相匹配。浅颜色的面料，衬布选择不能太深；厚重型面料服装，衬布选择不能太薄；如起绒织物或经防油、防水整理的面料以及热塑性很高的面料，就要求采用非热熔衬（非粘合衬）。衬布在服装中的耐洗性要与面料相匹配，应考虑到服装洗涤及以后整理熨烫温度，衬料与服装面料在尺寸稳定性方面都应具备很好的匹配性。

2. 衬布要满足服装的造型需要

衬布应该与服装造型相协调，针织面料应该用带有弹性的衬布，在每个不同位置的衬布要作合理的区分，硬挺的衬多用于领子、裤腰等位置，对于服装造型要求挺括的衣服应该用硬挺且富有弹性的衬布。

3. 衬料的成本价格与成衣生产

服装衬料的价格直接影响着成衣的成本价格，在不影响服装质量和外观品质的前提条件下，大多数会选择价钱相对便宜的衬料。

四、服装扣紧材料

服装扣紧材料对衣服起着连接、开闭以及装饰的作用，扣紧材料在服装中应用相当广泛，和服装成衣是密不可分的，扣紧材料看起来虽小，且成本不大，正确的选择可使它们充分发挥其功能性和装饰性，可对服装起到锦上添花的作用，提高服装的品质档次，提升服装的视觉美感效果。用于服装扣紧的材料主要有纽扣、拉链、钩环、尼龙搭扣及绳带等。

(一) 纽扣

纽扣的大小、形状、花色、材质多种多样、种类繁多，如图2-64所示，主要的分类方法有以下几种。

图 2-64　纽扣

1. 按纽扣的结构分

（1）有眼纽扣。在扣子中央表面有两个或四个等距离的孔眼，以便于手缝或机缝。有眼纽扣大小、形状、材料、颜色、厚度多种多样，可满足各种服装的需求。一般四眼扣多用于男装，两眼扣多用于女装。

（2）有脚纽扣。在扣子背面有一凸出的扣脚，脚上有孔，或者在金属纽扣的背面有一金属环，以便将扣子缝在服装上。一般用于厚重的服装，以保证服装平整，一般带扣脚的纽扣用于厚型、起毛和蓬松面料服装，可以使衣服在扣好后仍保持服装的平整性。

（3）揿纽（按扣）。是用压扣机铆钉在服装上的，一般由金属（铜、钢、合金等）制成，亦有用合成材料（聚酯、塑料等）制成的。揿纽是强度较高的扣紧件，容易开启和关闭。金属揿纽具有耐热、耐洗、耐压等性能，所以广泛应用于厚重布料的牛仔服、工作服、运动服以及不易锁扣眼的皮革服装上。非金属揿纽也常用在儿童服装与休闲服装上。

（4）编结纽扣。用服装面料缝制布带或用其他材料的绳、带经手工缠绕编结而制成的纽扣。这种编结扣，有很强的装饰性和民族性，多用于中式服装和女性时装类。

2. 按纽扣的材质分

（1）天然材料纽扣。自然界中许多天然材料都可用于制造纽扣。不同材料的纽扣有着各自不同的服用特点，目前常见天然材料纽扣有如下几种。

① 金属扣。是由铜、铁、钢、铝、镍、合金等金属材料冲压而成。金属扣耐用，价格低，装钉方便，所以被广泛采用。金属扣用于牛仔服、羽绒服、夹克衫等服装上，极具粗犷、自然和时代气息；军服上使用的铜包铝有脚扣，由于扣面可以制作不同的花纹和标志，也很适用于职业服装用扣，特别是用于厚重料服装上的铆钉扣，更能衬托出服装的青春气息和时代气息。金属扣不宜用于轻薄的服装。

② 贝壳扣。用水生的硬质贝壳（多以海螺壳为主）材料加工制成。有珍珠般的光泽，并有隐约的花纹，多为两眼或四眼圆形的明眼扣。特点是质地坚硬，光感自然，它坚硬、耐高温、耐洗涤，是天然环保型的纽扣；但颜色单调，质地发脆易损坏。小形贝壳扣广泛用于男女衬衫和内衣，经染色的贝壳扣已经广泛用于高档时装。

③ 木扣和竹扣。木扣多用桦木、柚木经切削加工制成，木扣耐热、耐洗涤，符合天然、环保要求。分本色的与染色的两种，形状以圆形为少，异形为多，给人以真实感，自然大方，表面涂上清漆更显光亮富丽；竹扣与木扣的性能相似。木扣的缺点是吸水膨胀后再晒干时，可能出现变形与裂损；竹扣的吸水变形情况要好些。多用于环保服装、休闲服装和麻类服装上。

④ 包布纽扣。又称包扣，由本衣料的边角料中包上胶木纽扣后，用手针缝制而成。特点是与服装协调，统一性好，但易损坏，多用于女装及便装。

⑤ 编结纽扣。又称盘花扣，用本衣料的边角料或丝绒制作而成。由纽祥条

和纽头两部分组成，用于传统的中式服装，纽扣可起到装饰作用，使服装具有工艺性和独具民族特色。

⑥ 皮革纽扣。用皮革的边角料，先裁制成带条后，再编结成型。多为圆形及方形，给人以丰满厚实的感觉，又坚韧耐用。多用于猎装及皮革服装。

（2）化学材料纽扣。化学材料纽扣是由化学原料注塑而成，色彩繁多，价格低廉，耐化学品性好，耐磨性较好，常见天然材料纽扣有如下几种。

① 电玉扣。是用尿醛树脂加纤维素冲压而成，有明眼与暗眼之分，表面强度高，耐热性能好，不易燃烧，不易变形，色泽好看，有单色也有夹花色的，因晶莹透亮，有玉石一样的感觉，所以被称为"电玉"纽扣，它的价格便宜，经久耐用，所以它虽然装饰性不强，但仍被广泛地应用于中低档服装上。

② 胶木扣。是用酚醛树脂加木粉冲压而成，多以圆形、黑色为主，有两眼扣和四眼扣，表面发暗不亮，光泽差，美观性差，质地比较脆，易碎，耐热性能尚好，因价格低廉，是目前常用的低档服装用扣。

③ 有机玻璃扣。用聚甲基丙烯酸甲酯加入珠光颜料，制成棒材或板材，经切削加工，即可制成有机玻璃扣。它具有晶莹闪亮的珠光和艳丽的色泽，极富装饰性，但其表面不耐磨，很易划伤，而且不耐高温和不耐有机溶剂。因此，它多用于女性时装上，但不宜用于高档耐用服装上。

④ 塑料扣。用聚苯乙烯注塑而成，可以制成各种形状和颜色，表面花型颇多，光亮度与透明度均好，既耐水洗，又耐腐蚀。但质地较脆，表面强度低，易擦伤，耐热性能不够理想，遇热时易发生变形。因其价格便宜并有多种颜色可选用，故多用于低档女装和童装。

⑤ 树脂扣。用不饱和聚酯为原料，加颜色制成板材或棒材，再经冲压、切削、打眼及磨光而成。树脂扣因有良好的染色性，所以色泽鲜艳。因耐高温、耐化学品性及耐磨性均好，所以树脂扣被广泛应用于中高档服装。不饱和聚酯还可以制成珠光扣和仿贝壳、仿珍珠、仿玉石等纽扣和服饰品，深受消费者的欢迎。

⑥ ABS 注塑及电镀纽扣。ABS 是一种热塑性塑料，具有良好的成型性和电镀性能。在塑料表面镀金属（16K 金、银和合金）制成的电镀纽扣，美观高雅，有极强的装饰性。在塑料上电镀的纽扣，由于其电镀的材料不同，可以制成各种颜色和风格。

除以上常用纽扣外，还有玻璃扣、骨扣和牛角扣等，随着科技的发展和进步，许多新型的纽扣也在相继出现，同时，很多服装品牌也可根据服装风格和品牌标志定制纽扣，起到服装品牌的宣传效应。

3. 纽扣的选用

在设计与制作服装时，与其他辅料一样，选配纽扣时要在颜色、造型、重量、大小、性能和价格等方面，与服装面料相匹配，主要考虑以下因素。

（1）纽扣应与面料的性能相协调。常水洗的服装要选不易吸湿变形且耐洗涤的纽扣；常熨烫的服装应选用耐高温的纽扣；外观较厚重的服装要选择粗犷、厚重、大方的纽扣。扣子的颜色应与面料颜色相协调，或应与服装的主要色彩相呼应。

（2）纽扣造型应与服装造型及风格相协调。纽扣具有造型和装饰效果，是造型中的点和线，往往起到画龙点睛的作用，应与服装呼应协调。如传统的中式服装不能用很新潮的化学纽扣，休闲服装应选用粗犷的木质或其他天然材料的纽扣。

（3）纽扣应与扣眼大小相协调。纽扣大小是指纽扣的最大直径尺寸，其大小是为了控制孔眼的准确和调整锁眼机用。一般扣眼要大于纽扣尺寸，而且当纽扣较厚时，扣眼尺寸还须相应增大。若纽扣不是正圆形，应测其最大直径，使其与扣眼吻合。

（4）纽扣选择应考虑经济性。低档服装应选低廉的纽扣，高档服装选用精致耐用、不易脱色的高档纽扣。服装上的纽扣数量，要兼顾美观、实用、经济的原则。

（5）纽扣选择应考虑服装的用途。如儿童有用手抓或用嘴咬的习惯，所以，儿童服装应选择牢固、无毒的纽扣。

（6）纽扣在选用时要注意，各类塑料扣遇热 70℃ 以上就会变形，所以不宜用熨斗直接熨烫，且不要用开水洗涤，同时，塑料扣应避免与卫生球、汽油、煤油等接触，以免变形开裂。

（二）拉链

拉链用作服装的扣紧材料，是一种可以重复拉合、拉开，由两条柔性的可互相啮合的单侧牙链带所组成的连接件，既操作方便，又简化了服装加工工艺，而且还起到了装饰作用，因而被广泛使用，如图 2-65 所示。

拉链可按其结构形态和使用材料进行分类，具体分为以下几类。

1. 按拉链的材质分

拉链按使用材料分为三大类：金属拉链、尼龙拉链和塑料拉链。

（1）金属拉链。通常用铝、铜、铸合金等金属材料压制成牙后，经过喷镀处理，再装于布带上。金属拉链颜色有限，但很耐用。铜质拉链较耐用，个别牙齿损坏还可以更换，其缺点是颜色单一，牙齿易脱落，价格较高，常用于牛仔服、军服、皮衣、防寒服、高档夹克衫等。铝制拉链强力较铜质拉链差一些，但其表面可经处理成多种色彩的装饰效果，且价格也较低，主要用于中低档夹克衫、休闲服等。

（2）尼龙拉链。尼龙拉链是应用最广泛的一种拉链，是用聚酯或尼龙丝呈螺旋线状缝织于布带上。这种拉链柔软轻巧，耐磨而富有弹性，也可染色，颜色齐

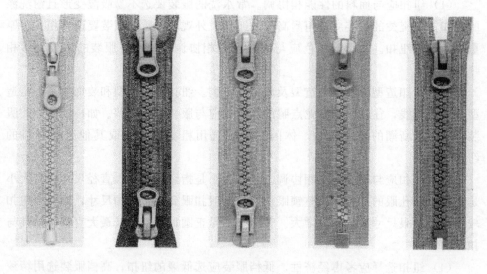

图 2-65　拉链

全且鲜艳，普遍用于女装、童装、裤子、裙装及 T 恤等服装上。特别是尼龙丝易定型，可制成小号码的细拉链，用于轻薄的服装上。

（3）塑料拉链。主要由胶料（聚酯或聚甲酯）注塑而成。拉链质地坚韧、耐磨、抗腐蚀、耐水洗、牙齿不易脱落。因其牙齿颗粒较大，有粗涩感，色彩丰富，手感柔软，可以有很强的装饰作用。常用于较厚的服装、夹克衫、防寒服、工作服、运动服、羽绒服、童装等。

2. 按拉链的结构形态分

（1）开尾拉链（分离拉链）。即拉链的两端都不封闭，根据其上带有的拉头数目不同，分为单头开尾式拉链和双头开尾式拉链，主要用于前襟全开的服装（如滑雪服、夹克衫及外套等）和可装卸衣里的服装。

（2）闭尾拉链（常规拉链）。即一端闭合或两端闭合的拉链。根据其上带有一个拉头或两个拉头的数目不同，分为单头闭尾式拉链和双头闭尾式拉链。单头闭尾式拉链为一端闭合，常用于裤子、裙子的开口或领口；双头闭尾式拉链常用于服装口袋或箱包等。

（3）隐形拉链（隐蔽式拉链）。隐形拉链由于其线圈牙在背面，从服装正面看上去不是很明显，根据布带种类又可分为布边和网边隐形拉链两种，主要用于旗袍、裙装等薄型、优雅的女式服装。

除以上常用的拉链种类外，还有功能性拉链（防水拉链、阻燃拉链等）、透明拉链、镶钻拉链、布带印花拉链、色织布带拉链、彩色牙拉链（多种颜色的彩色链牙随机组合）、互拼牙拉链（两排不同颜色的链牙相配）等。

3. 拉链的选用

在设计与制作服装时，与其他辅料一样，选配拉链时主要考虑以下因素。

（1）按外观和质量选择拉链。拉链应色泽纯净，无色斑、污垢，无褶皱和扭曲，手感柔软并啮合良好。针片插入、拔出及开闭拉动应灵活自如，商标清晰，自锁性能可靠。

（2）根据服装的类型选择拉链。选择拉链时要根据服装的用途、使用保养方式、服装厚薄、面料的颜色以及使用拉链的部位来选择拉链。常水洗的服装最好不用金属拉链；需高温处理的服装宜用金属拉链；拉链的颜色（包括布带与拉链牙）应与服装面料颜色相同、相近或相协调；牛仔服要用金属拉链，连衣裙、旗袍及裙子以用隐形拉链为好；色彩鲜艳的运动服装最好用颜色相同或对比强烈的大牙塑胶拉链；轻薄的服装以及袋口、袖口等处的拉链亦应选择号数小一些的拉链；内衣应选用较细小的拉链，外套选用较为粗犷的拉链。

（三）绳带、尼龙搭扣

1. 绳带

通常服装辅料中的绳带是指纺织绳带，是绳子和织带的统称。绳带的原料很多，有棉、麻、丝及各种化纤材质，颜色丰富多彩，粗细规格多样，用于服装上既起紧固作用，也有很好的装饰作用。

日常穿着中，绳的运用很广泛，在运动裤的腰部，防寒服的下摆，连衣帽的边缘等处，拉住使用绳带进行扣紧，并增加装饰作用；也常用于羽绒服、风雨衣、夹克衫、羊毛衫、裤腰、帽子、鞋等处的辅料。为了避免绳带滑脱，一般在绳带的端部作打结或套结等。

在织带方面，松紧带是采用弹性材料交织的一种扁平带状织物，质地紧密，表面平挺，手感柔软。它具有较好的弹性，带子宽窄有不同规格，一般窄的可用于内衣裤，宽的可用于夹克下摆等；针织彩条带是采用锦纶弹力丝织成的有彩色条纹的带状织物，有较好的弹性，主要用于运动服装，夹克衫下摆、袖口、领口等。用缎纹组织织制的缎带用于服装镶边、滚边、礼品包装等，如图 2-66 所示。

2. 尼龙搭扣

俗称"子母扣"或"魔术贴"，服装上常用的一种连接辅料，分为两面，一面是细小柔软的纤维，表面布满小毛圈，另一面表面是类似小毛抓的东西，布满密集的较硬的小钩。搭扣使用方便，常代替拉链和纽扣，主要用于服装需要方便而快速扣紧或开启的部位，如门襟、袋盖，也用于松紧护腰带、沙发套、背包等，如图 2-67 所示。

（四）钩环

钩环是服装中比较常见的紧固辅件，它们由一对紧固件的两个部分组成，一般由金属加工而成，也有用树脂或塑料等材料制作的。这些辅料主要用于可调节的裙腰、裤腰、女式文胸、腰封等不宜钉纽扣和开扣眼的服装部位，如图 2-68 所示。

图 2-66　绳带

图 2-67　尼龙搭扣

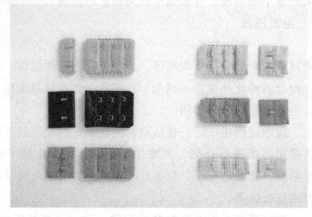

图 2-68　钩环

五、缝纫线及其他辅料

1. 缝纫线

缝纫线是服装的主要辅料，大多数服装衣片的缝合离不开缝纫线，虽然缝纫线的用量和成本占整体服装的比例不大，但占用工时的比重却较大，而且它的种类与品质直接影响着缝纫效率，也影响着服装和其他缝制品的外观质量、内在品质以及生产成本。

缝纫线通常是由两根或两根以上的纱线，经过并线、加捻、煮炼和漂染而成，主要用于服装、针织内衣及其他产品的缝纫加工等，如图 2-69 所示。缝纫线按所用的纤维原料，分为三种基本类型。

（1）天然纤维缝纫线。主要有棉线、丝线等。

（2）合成纤维缝纫线。主要有涤纶缝纫线、锦纶线、腈纶线等。

（3）混纺缝纫线。主要有涤棉混纺缝纫线、涤棉包芯缝纫线。

图 2-69　缝纫线

缝纫线的种类繁多，为了使缝纫线在服装加工中实现最佳的可缝性，使服装具有良好的外观和内在质量，正确地选择缝纫线十分重要，缝纫线选择的原则是与服装面料有良好的匹配性。

选用的缝纫线应该与面料的原料相同或相近，才能保证具有相同的缩率、耐化学品性、耐热性以及使用寿命等。

缝纫线的粗细应取决于织物的厚度和重量，在接缝强度足够的情况下，缝纫线不宜过粗，因粗线要使用大号针，易造成织物损伤；颜色、回潮率应与面料相匹配。

选择缝纫线时应考虑服装的用途、穿着环境和保养方式。如弹力服装需用富有弹性的缝纫线；而对一些特殊功能服装而言，就需要经特殊处理的缝线，必须满足耐高温、阻燃和防水的服用要求。

选择缝纫线时要根据接缝与线迹的种类确定，多根线的包缝，需用蓬松的线或变形线，而对于 400 类双线线迹，则应选择延伸性较大的线。现代服装工业生产中的专用设备种类繁多，可分别用于服装不同部位的缝合。

2. 衬垫

衬垫是为了使服装穿着时充分体现衣饰美及形体美而采用的一种衬垫物。常用衬垫有肩垫与胸垫两种，如图 2-70 所示。

肩垫是上衣肩部的三角形垫物，能使肩部加高加厚，且又平整，达到挺括美观的目的。肩垫主要有泡沫肩垫和化纤肩垫两种，泡沫肩垫柔软而富有弹性，肩形饱满，常用作西装、大衣的垫肩。化纤肩垫以黏胶短纤维与涤纶短纤维为原料，形似棉花，是用定型机特殊加工压制而成的，质地轻软，缝制方便，但弹性稍差，此种垫肩在使用过程中要注意不宜高温熨烫，以防皱缩。

胸垫是衬在上衣胸部的衬垫物，是为了突出胸部造型，使其丰满，使穿着者更富人体美感。胸衬分为胸衬垫与文胸衬垫两种，高档面料的胸垫多用马尾衬加

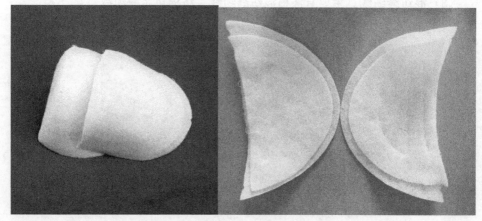

图 2-70　衬垫

填充物做成。文胸衬垫也有用泡沫塑料压制的。

3. 花边

花边（又称蕾丝）是服装及装饰织物的嵌条和镶边，具有花纹图案的织物。根据加工方式的不同，花边主要有编织花边、针织花边、刺绣花边和机织花边四大类。花边是当今女装和童装中常被采纳的流行时尚元素之一，常用于女时装、裙装、内衣、童装、女衬衫以及羊毛衫等，花边的使用可以提高服装的装饰性和档次，如图 2-71 所示。

图 2-71　花边

4. 规格标志类材料

用以识别服装的品牌、商标、质量保证及服装品质、价格、保养等方面信息的材料，是销售过程中必不可少的服装辅料，如图 2-72 所示，主要有以下内容。

（1）主标。标明注册商标及相关信息，是服装的品牌与标志，用来区别其他公司或品牌生产的产品。按材质上来分，主要有胶纸、塑料、织物、皮革、金属等；按制作工艺上分，主要有印花、提花、植绒、织造等，缝合在上衣领口、下装腰头处。

（2）尺码标。标明该服装的号型尺码，一般用棉织带或人造丝缎带制成，说明服装的号型、规格、款式、颜色等。多位于主标下方或侧旁，也有在侧缝处。

（3）洗涤标。标明面料、里料、填充料的原料成分，洗涤、熨烫、晾挂、保管的方法和注意事项。洗涤标一般缝合在服装侧缝或腰部的内侧。

（4）吊牌。包含品牌标志、生产厂家、货号、原料成分、产品执行标准编号、洗涤保管标志、价格等。

图 2-72　标志

第三章　服装面料的分类及鉴别

03 Chapter

服装以面料制作而成，即用来制作服装的主体材料，也可称为"织物"，作为服装的三要素之一，面料可以诠释服装的外观风格和服用特性，而且对服装的色彩、造型的表现效果起着主要的作用。日常使用中的服装面料种类繁多，各类织物除了按其组成成分、加工方法、后整理方式等分类外，还常常因其特殊的外观风格及质感而命名，本章将主要介绍不同种类面料的品种、风格特征及用途，主要分为两大类：服装用天然纤维面料和服装用化学纤维面料。

第一节　服装用天然纤维面料

一、棉纤维面料

棉织物是以棉纤维为原材料的织物，又称棉布。棉织物以优良的天然性能、穿着舒适、物美价廉而成为广大消费者所喜爱的服装面料之一。棉织物因其加工方法、组织结构及后整理的方法不同，其品种齐全、风格各异，为服装加工提供了丰富的织物品种，本节主要介绍棉织物的主要服用性能特点及各种常见棉织物的风格特征。

（一）棉织物的主要服用性能特点

棉纤维纤维细而短，制成的棉织物则手感柔软，光泽柔和，富有自然美感。

吸湿性、透气性好，穿着柔软舒适，保暖性好。

弹性差，易皱，起褶皱后不易恢复，保型性、尺寸稳定性差。

有天然转曲，纤维易于抱合，可纺性好。

有较高的强度，湿强比干强要高。

染色性好，色泽鲜艳，色谱齐全。

耐水洗，不易虫蛀，易霉变。

耐碱性强，耐酸性较差，耐热性较好。

（二）棉织物各品种的风格特征及用途

1. 平布

平布是一种平纹组织的棉织物，是棉织物中的主要品种，如图 3-1 所示。

（1）组织结构特点。采用平纹组织，经纬纱细度、经纬向密度相近或相等，布身坚牢耐用，布面平整，弹性差。

（2）主要品种。根据纱线细度的不同分为细平布、中平布、粗平布三种。

（3）风格特征。细平布特点是布身细洁柔软，质地轻薄紧密，布面杂质少；中平布结构较紧密，布面平整丰满，质地坚牢，手感较硬；粗平布布身粗糙、厚实，布面棉结杂质较多，坚牢耐用。

（4）用途。细平布主要用作内衣裤、罩衫、夏季外衣面料、手帕和床上用品等；中平布主要用作被单、衬布等；粗平布主要用作衬料或工作服、夹克、裤子等服装。

2. 府绸

府绸是一种兼有丝绸风格，属高支高密的平纹组织，是棉织物中的高档品种，如图 3-2 所示。

图 3-1　平布

图 3-2　府绸

（1）组织结构特点。其经向紧度为 $65\%\sim80\%$，高于平布，而纬向紧度则为 $40\%\sim50\%$，低于平布，经纬向紧度比为 $5:3$。

（2）主要品种。按使用纱线结构不同分纱府绸、线府绸、半线府绸；按纺纱工艺分有普通府绸、精梳府绸和半精梳府绸。按织造工艺不同分为平素府绸、条格府绸、提花府绸。

（3）风格特征。府绸经纱屈曲凸起，布面呈现菱形颗粒效应，外观细密，布面光洁匀整，手感平挺滑爽，颗粒清晰丰满，光泽莹润，有丝绸风格。

（4）用途。适用于高级男式礼服衬衫、夏季女装，以及外衣、制服、裤料、风衣、夹克衫及童装衣料等的制作。

3. 麻纱

麻纱是一种具有麻织品风格的棉织物，如图 3-3 所示。

（1）组织结构特点。采用平纹变化组织中的纬重平或平纹变化组织织造，纱线的捻度较大，比一般平布用经纱的捻度要高，经纬纱的捻向相同；密度较小。

（2）主要品种。有漂白、染色、印花、色织、提花等品种。

（3）风格特征。布面经向呈凸条或各种条格外观，平挺细致，质地轻薄，条纹清晰，挺爽透气，穿着舒适，具有麻布风格。

（4）用途。它适合于制作夏季男女衬衫、女衣裙、童装、便服、睡衣等。

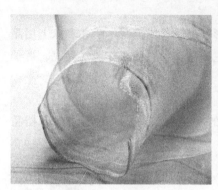

图 3-3　麻纱

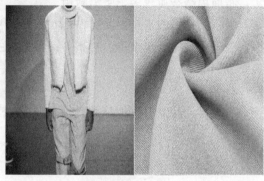

图 3-4　卡其

4. 卡其

卡其是棉织物中紧密度最大的一种斜纹织物，斜纹组织中的一个重要品种，如图 3-4 所示。

（1）组织结构特点。采用斜纹组织，斜纹角度为 70°左右，布面呈现细密而清晰的倾斜纹路，采用单纱或股线制织，主要采用有二上二下的双面卡、三上一下的单面卡等。

（2）主要品种。按所采用的经纬纱线分，有线卡其（经纬均用股线）、半线卡其（经向股线，纬向单纱）和纱卡其（经纬均单纱）。

（3）风格特征。斜纹细密而清晰，手感挺实柔滑，布面紧密光泽好，质地结实，挺括耐穿，不易起毛，色泽鲜明均匀，手感丰满厚实。

（4）用途。适用于春、秋、冬季各种制服、工作服、风衣、夹克衫、西裤等。

5. 华达呢

亦称轧别丁，属细斜纹棉织物的一种，如图 3-5 所示。

（1）组织结构特点。华达呢是二上二下双面斜纹织物，其斜纹倾斜角度接近63°，经密比纬密大一倍左右，织物紧密程度小于卡其而大于哔叽。

（2）主要品种。纱华达呢（经纬均用单纱）、半线华达呢（经向用股线，纬向用单纱）、全线华达呢（经纬均用股线）。

（3）风格特征。织纹清晰，富有光泽，手感厚实而松软，挺而不硬，耐磨损而不折裂。

（4）用途。适用于春、秋、冬季各种制服、工作服及男、女式外衣、风衣、夹克衫、西裤等。

图 3-5　华达呢　　　　　　　　图 3-6　哔叽

6. 哔叽

哔叽是传统的中厚斜纹织物，是双面斜纹织物中结构较松散的一种织物，如图 3-6 所示。

（1）组织结构特点。采用二上二下双面斜纹组织织物，其经纬密度较接近，紧度比卡其、华达呢都小，表面斜纹纹路的倾斜角度接近 45°。

（2）主要品种。纱哔叽（经纬均用单纱）和线哔叽（经向股线，纬向单纱）两种。

（3）风格特征。斜向纹路宽且清晰，经纱和纬纱密度和细度相接近，正反两面形状相同而斜纹方向相反，正面比反面清晰，质地厚实，手感柔软。

（4）用途。多用于制作男女式外衣、裤子、童装等。

7. 横贡

又称横贡缎，采用纯棉经纬纱均经精梳加工而织制，是棉织物中的高档品种，如图 3-7 所示。

（1）组织结构特点。多采用纬面缎纹织成，经纬纱支较细，纬密大于经密。

（2）主要品种。有印花和染色两大类。

（3）风格特征。表面光洁润滑，手感柔软，反光较强，有丝绸风格，结构紧密；缺点是织物表面浮线较长，不耐磨，易起毛、钩丝，洗涤时不宜剧烈洗涤。

（4）用途。适用于制作妇女衣裙、便服、高级衬衫、时装、儿童棉衣等。

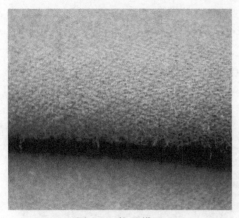

图 3-7　拉毛横贡

图 3-8　绒布

8. 绒布

坯布经拉绒机拉绒后呈现蓬松绒毛的织物，如图 3-8 所示。

（1）组织结构特点。由平纹或斜纹坯布经单面或双面起绒，表面拉起一部分纤维形成绒毛，织物所用的纬纱粗而经纱细，纬纱的特数一般是经纱的一倍左右。

（2）主要品种。主要有单面绒和双面绒、印花绒和色织绒、厚绒和薄绒。

（3）风格特征。由于纤维蓬松，所以手感柔软，保暖性好，外观色泽柔和，并具有一定的吸湿性，穿着舒适。

（4）用途。常用于男女冬季衬衣、睡衣裤、内衣、婴幼儿服装、童装、衬里等。

9. 灯芯绒

织物表面呈现耸立的绒毛，又称条绒，如图 3-9 所示。

（1）组织结构特点。采用纬二重组织织制，为纬纱起毛织物（一组经纱与两组纬纱交织），毛纬和经纱交织经割绒后形成布面绒毛，再经整理形成粗细不同的绒条。

（2）主要品种。按绒条粗细分为特细条、细条、中条、粗条和阔条；接色相分为漂白、杂色及印花多种。

（3）风格特征。布面绒条圆润，绒毛丰满整齐，手感厚实、柔软，质地坚牢耐磨。

（4）用途。中条灯芯绒最为常见，适合做男女各式服装；阔、粗条灯芯绒的绒条粗壮，外观粗犷，可制作夹克衫、短大衣等；细条和特细条灯芯绒绒条细密，外观细腻，质地柔软，可制作衬衫、罩衫、裙料、儿童服装等。

图 3-9　灯芯绒

图 3-10　平绒

10. 平绒

又称丝光平绒，是棉织物中起绒织物的一种，如图 3-10 所示。

（1）组织结构特点。采用起绒组织织制，再经割绒整理而成。表面绒毛耸立，将布面全部覆盖，形成平整的绒面。

（2）主要品种。按加工方法可分成经起绒和纬起绒，前者称为割经平绒，后者称为割纬平绒。

（3）风格特征。织物表面绒毛稠密，绒面整齐而富有光泽，布身柔软厚实，弹性好，不易起皱，坚牢耐用；由于织物表面由竖立的绒毛所组成，形成空气层，因此保暖性能也好。

（4）用途。适宜用作妇女秋冬夹衣、外套、鞋帽类材料，还可作为装饰用的幕布及桌布材料。

11. 牛津布

牛津布是一种具有特色的棉织物，又称牛津纺，如图 3-11 所示。

（1）组织结构特点。经纱为色纱，纬纱为漂白纱，经细纬粗，纬纱特数一般为经纱的 3 倍左右，以方平或纬重平组织交织而成。

（2）主要品种。牛津布有素色、漂白、色经白纬、色经色纬等制品。

（3）风格特征。布面形成饱满的双色颗粒效应，色泽自然，手感

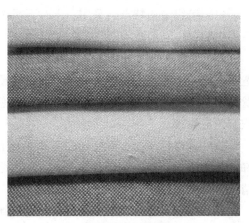

图 3-11　牛津布

松软，风格独特，透气性好，穿着舒适。

（4）用途。多用于制作男式衬衣、休闲服以及女式套裙和童装等。

图 3-12　牛仔布

12. 牛仔布

又称劳动布，是一种质地紧密、坚牢耐穿的粗斜纹棉织物，如图 3-12 所示。

（1）组织结构特点。属于粗经面斜纹织物，经纱用靛蓝色等染色纱，纬纱为本白或漂白纱，经密大于纬密，布面呈现向左或向右的倾斜纹路，深浅分明。

（2）主要品种。按不同的原料可分为：弹力牛仔布，雪花牛仔布，棉麻、棉毛混纺纱织制的高级牛仔布等；按不同加工工艺可分为高捻纬纱织制的牛仔布、彩条牛仔布、闪光牛仔布、印花牛仔布等；按不同加工方法可分为石磨蓝牛仔布、剥色牛仔布、水洗牛仔布等。

（3）风格特征。布面深浅分明，正面深而反面浅，布身厚实，结构紧密，织物硬挺，穿着过程中会在袖口、裤脚口、领口等处发生折裂磨损的现象，织物密度高，坚牢耐穿，舒适随意，色泽自然，织纹清晰，粗犷奔放，受到年轻人的青睐。

（4）用途。主要用于制作工厂的工作服、防护服，尤其适宜制作牛仔裤、女衣裙及各式童装等。

13. 泡泡纱

泡泡纱是一种具有特殊外观的平纹布，属薄型棉织物，如图 3-13 所示。

（1）组织结构特点。采用一上一下平纹组织的棉布，布面呈凹凸泡泡状的薄型棉织物。

（2）主要品种。由于加工方法的不同，分为三类。第一类是机织泡泡纱，制造时采用两个经轴，送经速度不同，由于经纱张力的差异，织出的坯布形成条格状的凹凸泡泡；第二类是化学方法处理的泡泡纱；第三类是利用不同的收缩性能织制的泡泡纱。

（3）风格特征。布面呈凹凸不平的泡泡状，造型新颖，风格独特，透气性好，立体感强，穿着不会紧贴人体，舒适性好，洗后免烫，但织物的泡泡外观易消失，保型性差。

（4）用途。适宜夏季服装用料，用于制作童装、女衬衫、裙子、睡衣、睡裤等，也可以做被套、床罩等。

14. 巴厘纱

又称玻璃纱，是用平纹组织织制的稀薄透明织物，为棉织物中最薄的织物，如图 3-14 所示。

图 3-13　泡泡纱

图 3-14　印花巴厘纱

（1）组织结构特点。用强捻细特精梳纱织成的稀薄半透明的平纹织物，织物中经纬密度比较小。

（2）主要品种。按加工不同可分为染色玻璃纱、漂白玻璃纱、印花玻璃纱、色织提花玻璃纱等。

（3）风格特征。其主要风格特征是质地稀薄，手感挺爽，布孔清晰，透明透气，具有"稀、薄、爽"的风格特征。

（4）用途。主要用作夏季衣着、头巾、纱丽、手帕、面纱，以及窗帘、家具布等装饰用布。

15. 线呢

线呢是色织物的一个主要品种，外观类似呢绒。

（1）组织结构特点。用染色纱线或花式纱线作经纬纱，织物组织采用平纹、斜纹、缎纹及其变化组织，具有仿精梳毛织物的风格。

（2）主要品种。按经、纬向用料可分为全线呢（经、纬均用股线）、半线呢（经向用股线、纬向用单纱）；按使用对象可分为男线呢和女线呢。

（3）风格特征。织物手感厚实，质地坚牢，耐穿着，毛型感强，花纹图案丰富，富有立体感。

（4）用途。主要用于春、秋、冬季男装、女装、童装和裙料等。

二、麻纤维面料

麻织物是由麻纤维纺纱、织造加工而成的织物，比较常见的麻织物有苎麻织物和亚麻织物，品种相对其他天然纤维略少，但因有其独特的粗犷风格和干爽透湿性能，使得穿着起来凉爽、舒适，具有休闲、自然等特点，其价格又介于棉布与丝绸之间，深受各阶层消费者所喜爱，是夏季最理想的服装用料。麻织物的品种常见的有纯麻织物、混纺麻织物及麻交织物。本节主要介绍麻织物的主要服用性能特点及各种常见棉织物的风格特征。

（一）麻织物的主要服用性能特点

天然纤维中麻织物的强度最高，坚牢耐用。麻织物的吸湿性好，干爽舒适，透气性好。麻织物具有较好的防水、耐腐蚀性，不易霉烂且不虫蛀。本白或漂白麻布，光泽自然柔和，染色性好，具有独特的色调及外观风格。麻织物比棉织物硬挺。各种麻织物均有较好耐碱性，热酸易破坏。麻织物的缺点是易褶皱，有褪色和缩水现象。

（二）麻织物各品种的风格特征及用途

1. 纯纺麻织物

采用亚麻、苎麻纤维织制的纯麻细布，如图3-15、图3-16所示。

图 3-15　纯亚麻

图 3-16　纯苎麻

（1）组织结构特点。采用细特、中特亚麻纱织制的非紧密结构的平纹织物。经、纬向紧度均为50％左右。

（2）主要品种。亚麻织物、苎麻织物。

（3）风格特征。织物经过漂炼、丝光，比原色布柔软光滑，具有细密、轻薄、挺括、滑爽的特点，以及较好的透气性能和舒适感。色泽以本色、漂白以及各种浅色为主。也有经染色而织成的色织物。

（4）用途。适合夏季男女外衣、衬衫、裙料、休闲裤及时装用料等。

2. 混纺麻织物

将麻纤维与其他天然纤维或化学纤维按一定比例进行混纺织成，如图3-17所示。

（1）组织结构特点。一般采用特细纱织制成平纹或斜纹组织。

（2）主要品种。有麻棉混纺织物、毛麻混纺织物、丝麻混纺织物、涤麻混纺织物及麻与其他化纤混纺织物。

（3）风格特征。织物质地坚牢爽滑，手感软于纯麻布，干爽挺括，透气吸汗，散热及弹性均较好，不易褶皱，具有较好的服用性能。

（4）用途。适于做夏季外衣和裙衣面料。

图 3-17　棉麻混纺

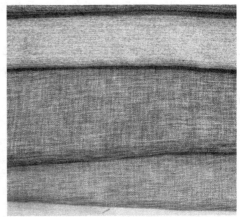

图 3-18　交织麻

3. 交织麻织物

（1）组织结构特点。多采用平纹组织交织而成。

（2）主要品种。麻棉交织物、丝麻交织物及麻棉氨纶弹力交织物。

（3）风格特征。交织物质地细密、坚牢耐用，布面洁净，对皮肤无刺痒感，手感比纯麻织物柔软，如图 3-18 所示。

（4）用途。适于做春夏季服装面料，如裙、衫、裤料、外衣等。

三、毛纤维面料

毛织物在天然纤维中以中高档著称，又被称为呢绒面料，它的主要原料有羊毛、兔毛、驼毛以及仿化学纤维等，其中以羊毛为主要原料。按照生产工艺的不同，毛织物主要分为精纺毛织物和粗纺毛织物两种。

（一）毛织物的主要服用性能特点

纯毛织物光泽柔和自然，手感柔软富有弹性，属于高档或中高档服装用料。毛织物具有较好的弹性和抗皱性，保型性好。羊毛不易导热，保温性能好，并且吸湿性很好，染色性能优良。毛织物耐酸不耐碱。毛织物不耐高温。毛织物的燃烧性能同丝织物，具有烧毛臭味。毛织物的耐光性和防虫蛀性较差。

（二）毛织物各品种的风格特征及用途

1. 精纺毛织物

精纺毛织物又称为精纺呢绒或精梳呢绒，由精梳毛纱织制而成。采用的毛纤维品质较高，纤维细，经过精梳的工艺后，毛织物表面光洁，纹理清晰，手感柔软，富有弹性，平整挺括，具有耐穿及不容易变形的特点。适合做春夏秋高档衣料、西服面料，以及各种场合礼服面料，主要品种如下。

（1）凡立丁

① 组织结构特点。以优质羊毛为原料，平纹组织织成，纱支细，捻度大，经纬密度小，多采用匹染。

② 主要品种。通常以纯毛为主，也有混纺等品种。

③ 风格特征。织物轻薄挺爽，富有弹性，呢面光洁，织纹清晰，多为素色，如图 3-19 所示。

④ 用途。适于制作夏季男女西服、裙、裤等。

图 3-19　凡立丁　　　　　　　　　　　　图 3-20　派力司

（2）派力司

① 组织结构特点。以平纹组织织成的双经双纬或双经单纬的混色织物，是精纺毛织物中最轻薄的品种之一。

② 主要品种。通常以纯毛为主，也有混纺等品种，如涤毛派力司。

③ 风格特征。织物表面光洁，呈散布均匀的白点和纵横交错隐约可见的混色雨丝状细条纹，并呈现不规则十字花纹均布于布面，色泽浅灰、中灰为主，也有少量杂色，质地轻薄，手感挺爽，如图 3-20 所示。

④ 用途。理想的夏季男女各类服装用料，如：套装、礼仪服、衬衫、西裤等。

（3）哔叽。属于高档精纺服装面料之一，如图 3-21 所示。

① 组织结构特点。哔叽是素色的斜纹精纺毛织物。通常采用 2/2 双面斜纹织物，经纬密度接近，斜纹角度约 50°。

② 主要品种。按照工艺以及规格的不同，可分为哔叽、中厚哔叽以及薄哔叽等。

③ 风格特征。纹路较宽，表面平整，身骨适中，手感软糯，以匹染为主。

④ 用途。用于男女西服、中山装及夹克衫，女式套装、裙装等。

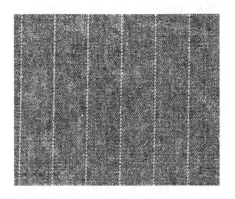

图 3-21　哔叽

图 3-22　华达呢

（4）华达呢。又名轧别丁，属于高档精纺服装面料，如图 3-22 所示。

① 组织结构特点。经纬纱的纱支相同或接近，经纱密度远大于纬纱密度，一般经密是纬密的 2 倍左右，常用二上二下右斜纹或二上一下右斜纹的组织结构进行织造。

② 主要品种。华达呢属于厚斜纹织物，有双面华达呢、单面华达呢、缎面华达呢。

③ 风格特征。华达呢呢面光洁平整，光泽自然柔和，颜色纯正，无陈旧感，纹路清晰，手感糯而厚实，质地紧密且富有弹性，耐磨性能好。

④ 用途。可制作春秋西服套装、风衣、制服和便装等。

（5）啥味呢

① 组织结构特点。采用二上二下斜纹组织，经纬纱的纱支相同或接近，经纱密度略大于纬纱密度，非紧密结构的中厚型混色斜纹羊毛精纺面料。

② 主要品种。由于混纺材料和整理方法不同，可分为光面啥味呢、毛面啥味呢和混纺啥味呢。

③ 风格特征。色彩丰富，以深、中、浅的混色为主。光泽柔和自然，底纹隐约可见，手感不板不糙、柔软丰满，有身骨，绒毛细而短且平整，手感富有弹性，如图 3-23 所示。

④ 用途。适宜做春秋季男女西服、两用衫、夹克衫、裙裤、女式风衣等。

（6）马裤呢。属于精纺毛织物中最重的品种，传统的高档衣料，如图 3-24 所示。

图 3-23 啥味呢

图 3-24 马裤呢

① 组织结构特点。采用粗股线，经密大于纬密，大约是纬向的两倍，属经向紧密结构，呢面呈现陡急的斜向凸纹，倾斜角度在 $60°\sim80°$，正面有粗而凸出的纹路，反面织纹平坦。

② 风格特征。质地丰厚，呢面光洁，织纹粗犷，手感挺实而富有弹性。

③ 用途。适用于制作高级军用大衣、制服军装、裤装、套装等。

（7）礼服呢。又称直贡呢，是精纺毛织物中历史悠久的传统高级产品，如图 3-25 所示。

① 组织结构特点。一般采用经纱为股线、纬纱为单纱的变化斜纹组织。

② 风格特征。呢面光滑，质地厚实，细洁平整，光泽明亮美观。

③ 用途。主要适于制作高级春秋大衣、风衣、礼服、便装、民族服装等。

图 3-25 礼服呢

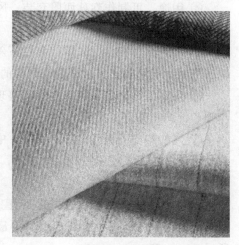

图 3-26 驼丝锦

（8）驼丝锦。是由精梳毛纱织成的中厚型毛织物，是精纺高档毛织物的传统品种之一，如图 3-26 所示。

① 组织结构特点。常用五枚或八枚变化经缎组织，经纬密度较大。

② 风格特征。织物表面平整滑润，织纹细腻，光泽明亮，手感丰满软糯，织物反面有小花纹。

③ 用途。常用作礼服、套装、西服、上衣和大衣等。

（9）女衣呢。女衣呢是由精梳毛纱织成的轻薄型毛织物，如图 3-27 所示。

① 组织结构特点。多采用平纹组织、斜纹组织或复杂组织。

② 风格特征。具有重量轻，结构松，花色繁多，颜色鲜艳明快，图案细多样，织纹清晰，手感柔软及色泽明丽的特点。

③ 用途。适宜做春秋季妇女裙子、外衣、时装等。

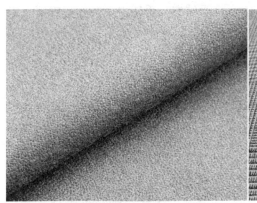

图 3-27　女衣呢　　　　　　　　　　　图 3-28　花呢

（10）花呢。精纺面料中花色变化最多的品种，如图 3-28 所示。

① 组织结构特点。利用各种精梳染色纱线、花式捻线、装饰纱线做经纬纱，运用平纹、斜纹、变化斜纹或其他各种组织的织纹变化，织成条、格以及各种花型的织物。

② 主要品种。花呢的品种繁多，其规格参数的变化范围也很大，按照重量对花呢进行分类，可分为薄花呢、中厚花呢、厚花呢。

③ 风格特征。外观呈点、条、格等多种花色及综合多种花型图案，织物表面平整细洁，挺括丰满，花纹图案精巧，色泽鲜明匀净，手感柔软有弹性。

④ 用途。花呢按不同厚薄分别适用于四季西装、套装、上衣、西裤等。

2. 粗纺毛织物

粗纺毛织物以粗梳毛纱织制而成，又称粗纺呢绒或粗梳呢绒，毛纱表面毛羽多，纱支也较粗，粗纺毛织物一般经过缩绒和起毛处理，手感柔软且厚实，身骨挺实，保暖性好，质地紧密，呢面丰满，表面有绒毛覆盖，不露或半露底纹，适宜做秋冬季外衣，主要品种如下。

（1）麦尔登。使用粗梳毛纱织成质地紧密有绒面的毛织物，如图3-29所示。

① 组织结构特点。采用二上二下或一上二下的斜纹组织织制，经过重缩绒工艺加工制成，经纬密度较大。

② 主要品种。按使用原料可分为全毛麦尔登和混纺麦尔登。

③ 风格特征。质地紧密，身骨结实，手感丰厚柔软，呢面有丰

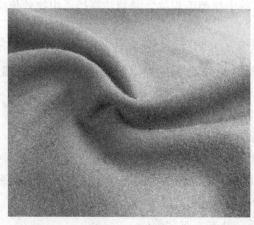

图 3-29　麦尔登

满密集的绒毛覆盖，保暖性好，成衣平挺不易起球，耐磨性能好，富有弹性，抗皱性好，穿着舒适。

④ 用途。主要用于制作男女冬季的大衣、制服以及西裤等。

（2）制服呢。与麦尔登相比，制服呢羊毛品质低，粗纺面料中最普通的产品，如图3-30所示。

① 组织结构特点。采用二上二下斜纹组织织制，经过重缩绒工艺制成。

② 主要品种。主要包括海军呢、细制服呢、制服呢、向群呢、军服呢等。

③ 风格特征。质地紧密，厚实耐穿，基本不露底纹，手感不糙硬，有一定的保暖性，色泽以蓝、黑素色为主。

图 3-30　制服呢

④ 用途。由于价格较低，所以属于秋冬中低档制服的适用面料。

（3）粗花呢。粗花呢是粗纺花呢的简称，是粗纺织物中用量较多的织物品种，如图3-31所示。

① 组织结构特点。经、纬纱用不同种类的纱线，用不同组织织造出花色品种繁多的色织产品。

② 风格特征。以单纱或股线、花式纱，单色或混色纱作经纬纱，各种花纹组织配合在一起，使呢面形成人字、条格、圆圈、点子、小花纹、提花等各种平

面的或凹凸的花型，花色新颖，配色协调。

③ 用途。用作秋冬季男女各式服装面料。

图 3-31　粗花呢

图 3-32　大衣呢

（4）大衣呢。属于粗纺织物中的厚型织品，如图 3-32 所示。

① 组织结构特点。一般采用斜纹变化组织，复杂组织中的纬二重、经二重及双层组织，经过缩绒或再起毛加工得到的织品。

② 主要品种。大衣呢根据不同的风格分为平厚大衣呢、立绒大衣呢、顺毛大衣呢、拷花大衣呢、花式大衣呢。

③ 风格特征。质地厚实，具有良好的保暖性，品种繁多，男大衣呢色泽以深色、暗色为多，女大衣呢比男大衣呢轻薄，以花式、混色为多。

④ 用途。不同风格的产品，适合做大衣、风衣、帽料等。

（5）法兰绒。属于混色粗梳毛织物，，如图 3-33 所示。

图 3-33　法兰绒

① 组织结构特点。采用平纹或斜纹组织织成，经过缩绒、拉毛处理。

② 主要品种。按原料分有全毛法兰绒和混纺法兰绒，按厚薄分有厚型法兰

绒和薄型法兰绒。

③ 风格特征。表面有细洁的绒毛覆盖，半露底纹，织物表面平整，混色均匀，手感柔软而富有弹性，身骨较松软，保暖性好，穿着舒适。

④ 用途。适于用作春秋大衣、风衣、西服套装、西裤、便装等男女装面料。

四、丝纤维面料

丝织物属于服装中的高档服装用料，主要以天然纤维中的桑蚕丝、柞蚕丝以及各种人造丝、合成丝纤维织造而成。丝织物高贵华丽，细腻，光泽好，穿着舒适，品种丰富，种类齐全，因其优良的服用性而得到广泛应用，中国是最早利用蚕丝的国家，中国的丝绸更是享誉世界。在服装设计中既可以单独设计使用，又可以和其他品种面料搭配进行设计，能够制成风格多样的服装。

(一) 丝织物的主要服用性能特点

具有较好的强度、弹性及伸长性，但抗皱性能差，易起皱。具有很好的吸湿性，柞蚕丝吸湿性好于桑蚕丝，吸湿速度快，含水量可达10％～20％。具有柔软舒适的触觉感，光泽好，染色性能佳，可染成各种鲜艳的色彩。织物对酸较稳定，但不耐碱。织物燃烧性能同羊毛，发出烧毛味。丝织物的耐光性很差，注意防晒，以免泛黄。蚕丝织物抗霉菌性好于棉、呢绒和黏纤。摩擦面料可产生丝鸣。

(二) 丝织物各品种的风格特征及用途

根据我国的传统习惯，结合丝型织物的组织结构、使用原料、织造工艺、原地外观分类，丝型织物主要分为纺、绉、绸、缎、绫、罗、锦、绢、纱、绡、葛、绒、缔、呢14大类。

1. 纺类

(1) 织物特点。纺类丝织物为平纹组织织物，经纬纱一般不加捻或加弱捻，采用桑蚕丝、绢丝、黏胶纤维或涤纶纤维为原料，质地平整细密、轻薄，手感滑爽，比较耐磨。纺类织物是丝绸中组织最简单的一类，可进行色织、漂白、染色和印花等后整理，如图3-34所示。

(2) 主要品种。电力纺（纺绸）、杭纺（产于杭州而得名）、绢丝纺、尼龙纺、富春纺。

(3) 用途。适用于夏季衬衫料、裙料、裤料等。

2. 绉类

(1) 织物特点。传统丝织物品种，外观呈绉效应，采用纯桑丝的紧捻纱，主要采用平纹或其他组织，织物表面质地轻薄，密度稀疏，光泽柔和，手感滑爽且富有弹性，抗皱性能好，如图3-35所示，作为服饰品透气舒适，不易紧贴皮肤，但缺点是缩水率较大。

图 3-34　纺类

图 3-35　绉类

（2）主要品种。双绉、碧绉（也称"单绉"）。

（3）用途。可用于男女衬衫、内衣、连衣裙、裙裤、风衣。

3. 绸类

（1）织物特点。丝织物中，无其他特征的丝绸织品均属于绸类织物，类型最多，用料广泛，多采用平纹、斜纹及变化组织织造；质地比缎、锦轻薄而坚韧，织面细洁光滑平整，手感挺括，光泽柔和，但易褶皱，且不易回复，属于质地细密的薄型丝织物，如图 3-36 所示。

图 3-36　绸类

（2）主要品种。塔夫绸、锦绸、双宫绸。

（3）用途。轻薄型的绸类可用作夏装，如衬衫、连衣裙；较厚重的绸可用作西服、礼服、外套、裤料或供室内装饰用。

4. 缎类

（1）织物特点。缎类织物是采用缎纹组织织制的丝织物，可分为经面缎和纬面缎，属于高档的服装面料。通常经丝加弱捻，纬丝不加捻，缎面手感光滑柔软，质地紧密，光泽明亮，华贵富丽，富有弹性；织面多呈现中国传统的民族纹样，如图 3-37、图 3-38 所示。

（2）主要品种。织锦缎、素软缎、花软缎、绉缎。

（3）用途。较轻薄的缎类可用于衬衣、裙子、头巾、唐装及舞台服装；较厚重的可做外衣、棉衣、旗袍、床罩被面及其他装饰用品。

图 3-37　织锦缎

图 3-38　古香缎

5. 绫类

（1）织物特点。以桑蚕丝与人造丝为原料，运用各种斜纹组织为地纹的花素织物，织物表面有明显的斜纹纹路，具有良好的光泽感，柔和且细腻，质地轻薄，花纹常为传统的 吉祥动物、文字、环花等传统民族纹样，如图 3-39 所示。

（2）主要品种。广绫、采芝绫、土绸绫。

（3）用途。中厚型绫类织物可用于衬衣、连衣裙及睡衣等；轻薄型绫类可用于服装里料或装饰精美的工艺品包装盒用。

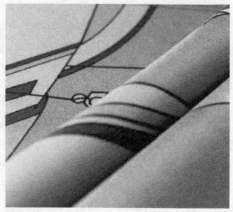

图 3-39　绫类

6. 罗类

（1）织物特点。罗类织物用合股丝作经纬纱织成的绞经织物，表面呈现有规律条状纱孔，纱孔呈横条的称横罗，呈纵条的称直罗。织物表面光洁平整，结构紧密细腻，柔软舒适，穿着挺括，纱孔清晰，透气性好，如图 3-40 所示。

（2）主要品种。杭罗（产于杭州而得名）、花罗。

（3）用途。适合制作夏季男女衬衫、便装等。

图 3-40　罗类

7. 锦类

（1）织物特点。锦类织物多采用真丝和人造丝进行织造，经纬纱无捻或弱捻。锦类织物与缎类丝织物类似，三色以上的缎纹织物称为锦，是中国传统高级多彩提花丝织物，是丝绸织品中最精美的产品。特点是质地紧密厚实，手感光滑，外观绚丽多彩，花纹高雅大方、精致古朴，多采用具有吉祥如意寓意的图案。

（2）主要品种。云锦，如图 3-41 所示；壮锦，如图 3-42 所示；宋锦，如图 3-43 所示；蜀锦，如图 3-44 所示。

（3）用途。一般适宜女式旗袍、上装、便装以及礼服等的制作。

图 3-41　南京云锦　　　　　　　　图 3-42　广西壮锦

图 3-43　苏州宋锦

图 3-44　成都蜀锦

8. 绢类

（1）织物特点。采用平纹或平纹的变化组织，是经纬纱先染色或部分染色后进行色织或半色织套染的丝织物；经丝一般加弱捻，纬丝不加捻，织物表面平整细密，质地轻薄，手感挺括，光泽柔和，如图 3-45 所示。

（2）主要品种。天香绢、挖花绢。

（3）用途。可用于外衣、礼服、羽绒服面料、羽绒被套料，还可用作床罩、毛毯镶边、领结、帽花、绢花等服饰及女用高级伞绸等。

图 3-45　绢类

图 3-46　纱类

9. 纱类

（1）织物特点。采用加捻丝和纱组织织制的透明轻薄织物，质地透明而稀薄，表面呈现清晰且分布均匀的纱孔，纱类织物透气性好，纱孔清晰、结构稳定，透明度高，硬爽挺括，如图 3-46 所示。

（2）主要品种。乔其纱、香云纱、庐山纱、夏夜纱。

（3）用途。适宜制作夏季衣服、晚礼服、连衣裙、短袖衫以及高级窗帘等。

10.绡类

（1）织物特点。采用平纹、缎纹组织或经纬平行交织的其他组织而织成；采用生织，就是蚕丝不经过脱胶就直接织出来的，所以硬挺很多；经纬密度较小，织物质地轻薄透明，凉爽透气，是一类稀薄、孔眼方正清晰的丝织物，手感爽滑，柔软且富于弹性，近几年比较流行的欧根纱就属于绡类，如图 3-47 所示。

（2）用途。适用于制作婚纱、芭蕾舞衣裙、头巾、童装、时装等衣料。

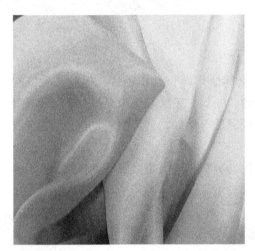

图 3-47　绡类——欧根纱

11.葛类

（1）织物特点。采用桑蚕丝和再生纤维丝交织，或用全桑蚕丝合股线为经纬织成，以平纹经重平组织为主，经纱比纬纱细，经密大、纬密小；葛织物较为轻薄，质地较厚实，织纹清晰，正面平纹，反面有缎背效应，具有比较明显的横向凸纹，色泽柔和，结实耐用。

（2）主要品种。特号葛、兰地葛。

（3）用途。可用作各类男女式服装及沙发面、窗帘、靠垫等。

12.绒类

（1）织物特点。采用桑蚕丝和人造丝交织的起毛织物，使织物表面覆盖一层毛绒或毛圈，使得表面绒毛密立，质地厚实，富有弹性，色泽光亮，外观华丽富贵，手感柔软且爽滑，是丝绸类中的高档织品。

（2）主要品种。乔其绒，如图 3-48 所示；金丝绒，如图 3-49 所示。

（3）用途。适宜做旗袍、裙子等女装，或帷幕等装饰用料。

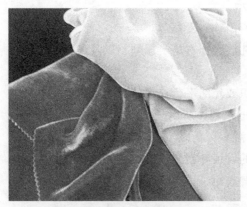

图 3-48　乔其绒

图 3-49　金丝绒

13. 绨类

（1）织物特点。采用黏胶丝或其他化纤长丝作经纱，棉纱或上蜡棉纱作纬纱，织成的质地较粗厚的花素织物；一般在平纹地组织上提花，以小花纹图案为多，质地比较粗厚，坚牢耐用，吸湿透气性好，且价格便宜，主要用于低档男女衣料，如图 3-50 所示。

（2）用途。主要用于夹衣面料、棉袄面料、高级服装里料及戏装面料，老式被面。

图 3-50　绨类

图 3-51　呢类

14. 呢类

（1）织物特点。采用基本组织和变化组织，经纬纱较粗，经向长丝、纬向短纤维纱，或者经纬纱均采用长丝与短纤纱合股，并加以适当的捻度，质地丰满厚实，手感松软，光泽柔和，坚韧耐穿，富有弹性，是丝织物中最丰厚的织物，具有毛织物的外观，如图 3-51 所示。

（2）用途。主要用于制作外衣，也可制作衬衫、连衣裙等及中老年冬令服装、秋冬女装、装饰布等。

第二节　服装用化学纤维面料

虽然天然纤维的服用诸多优点等深受人们的喜爱，但在现代服装日新月异发展的今天，天然纤维在现代服装设计中的运用还具有一定的局限性，化学纤维织物的发展正好弥补了天然纤维在用量及种类上的不足，同时在塑造织物及服用性能方面也有着多样性，因此，化学纤维面料目前已成为了服装面料市场上不可或缺的面料种类。

一、再生纤维面料

再生纤维素纤维以其优良的吸湿透气、柔软舒适等性能在服装中得到广泛应用，悬垂性较其他纤维好很多，特别是近年来世界各国开发出了具有良好性能的新型环保型天丝纤维以后，再生纤维素织物已成为世界流行的热门衣料之一。再生纤维素纤维织物主要以黏胶纤维织物为主，还有醋酯纤维、富强纤维、铜氨纤维等。

下面主要介绍最常用的黏胶纤维织物的风格特征及服装适用性，黏胶纤维织物材质是由棉短絮、木材、芦苇等天然纤维材质经化学加工而成，其主要成分是纤维素纤维，因具有良好的服用性，具有优良的吸湿性而优于其他化纤面料，是人造纤维中用量最大的一种，主要有以下特性。

(一) 黏胶织物的主要服用性能特点

具有较好的吸湿性、透气性，手感柔软，穿着舒适，其性能类似棉织物，且有着丝绸织物的效应。染色性能好，色泽鲜艳，色谱全。光泽好，长丝织成的织物有近似丝织品的光泽。抗弯刚度小，弹性及弹性回复率差，织物不挺括，尺寸稳定性差。在湿态下强力下降 50％ 左右，遇水后手感变硬，因此在洗涤时不宜用力揉搓。织物的缩水率较大，在裁剪时应先进行洗涤。

(二) 黏胶织物各品种的特点及用途

1. 人造棉织物

（1）织物特点。采用平纹组织织成的人造棉布，每 10cm 经密为 236～307 根，纬密为 236～299 根。

（2）风格特征。织物质地均匀细洁，色泽艳丽，手感滑爽，穿着舒适，透气及悬垂性均较好，如图 3-52 所示，但缩水率较大，湿强度低，服装保型性及耐穿性较棉布差，价格较为便宜。

（3）主要品种。可织成各种薄厚不同的人造棉细平布、中平布，再经染色和印花加工而成各种人造棉布。

（4）用途。主要适用于夏季女衣裙、衬衫、童装等衣料。

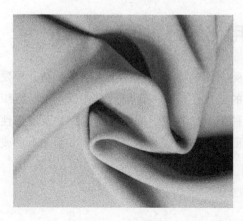
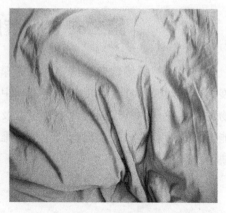

图 3-52　人造棉　　　　　　　　　图 3-53　人造丝

2. 人造丝织物

指以人造丝纯纺或与富强纤维、黏胶、棉等各种纤维交织的织物。

（1）织物特点。经、纬向均采用人造长丝为原料而织成的平纹绸类织物。

（2）风格特征。面料主要是仿丝绸风格，光泽更明亮，密度较稀，比绸稍薄，手感柔滑，抗皱性差，湿强度低，故洗涤用力揉搓易出裂口。其价格便宜，穿着凉爽，如图 3-53 所示。

（3）主要品种。无光纺、有光纺、美丽绸等。

（4）用途。适于做夏季男女衬衫、衣裙、戏装、围巾等用料。

3. 混纺/交织织物

主要指黏胶纤维与合成纤维间或黏纤长丝与短纤维间的混纺、交织产品。

（1）风格特征。具有手感丰润、质地坚牢、布面柔滑挺实、毛感强的特点。

（2）用途。适宜制作各类女装，常用作服装里料。

二、涤纶纤维面料

涤纶织物是日常生活中应用最多的一种服用化学纤维织物，涤纶纤维织物花色品种多，数量大，居合成纤维产品之首，涤纶织物也正在向合成纤维天然化的方向发展，纯纺和混纺的仿丝、仿毛、仿麻、仿棉、仿麂皮的织物进入市场并深受欢迎，虽然风格各异，但在服用性能上有其共同点，下面介绍几种涤纶织物的风格特征及服装适用性。

（一）涤纶织物的主要服用性能特点

涤纶织物具有较高的强度与弹性回复能力。因此，具有良好的耐穿性和耐磨性，不易起皱，保型性好。涤纶织物吸湿性较差，穿着有闷热感，易带静电和沾灰尘，洗后极易干，不变形，有良好的洗可穿性能。涤纶织物的耐热性和热稳定性在合纤织物中是最好的，具有热塑性，可制作百褶裙，褶裥持久。涤纶织物的抗熔性较差，遇着烟灰、火星等容易形成孔洞。涤纶织物具有良好的耐化学品性，不怕霉菌及虫蛀。

（二）涤纶织物各品种的特点及用途

1. 涤纶混纺织物

（1）织物特点。为了弥补涤纶吸湿性小，透气、舒适性差之不足，同时为改善天然纤维和再生纤维素纤维织物的服用保型性及坚牢度，并考虑降低成本，常采用涤纶与棉、毛、丝、麻和黏胶纤维混纺，织成各种涤纶混纺面料，如图3-54、图3-55所示，其服用性能兼有涤纶和所混纺纤维的性能特点。

（2）主要品种。品种名称随与涤纶混纺的纤维的织物品种名称而定。

（3）用途。可用作衬衫、外衣、裤子、裙子、套装等面料。

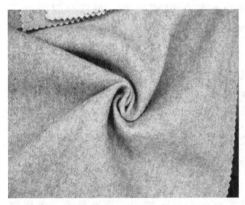 

图 3-54　涤毛混纺　　　　　　　　　　图 3-55　涤棉混纺

2. 涤纶仿麻织物

（1）织物特点。涤纶仿麻织物是采用涤纶仿麻变形丝织成的平纹或凸条组织织物，具有麻织物的干爽手感和外观风格，如图3-56所示。

（2）风格特征。与纯麻相比，不仅外观粗犷，手感干爽，且穿着凉爽舒适，不起皱，洗可穿，不缩水，服用性能良好。

（3）主要品种及用途。中厚型仿麻织物适用于春秋季男女套装、夹克衫，薄型仿麻织物则适于做夏季男女衬衫、衣裙及时装等衣料。

3. 涤纶仿毛织物

（1）织物特点。涤纶仿毛织物主要为精纺仿毛产品，涤纶仿毛织物是以涤纶长丝为原料，或用中长型涤纶短纤维与中长型黏胶或中长型纤维混纺成纱后织成的具有呢绒风格的织物，分别称为精纺仿毛织物和中长仿毛织物产品，手感粗糙、干爽，如图3-57所示。

图 3-56　涤纶仿麻

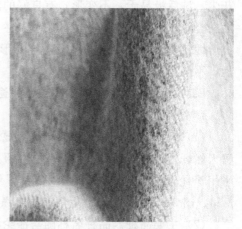

图 3-57　涤纶仿毛

（2）风格特征。仿毛效果极佳，色泽也比纯毛织物光亮，既具有呢绒的手感，丰满蓬松，弹性好，又具备涤纶坚牢耐用、易洗快干、平整挺括，不易变形、起毛、起球等特点。

（3）主要品种。常见品种有涤弹哔叽、涤条弹华达呢、涤弹条花呢等。

（4）用途。适宜制作男女西服以及裤装等。

4. 涤纶仿丝织物

（1）织物特点。涤纶仿丝绸面料一般用圆型或异型截面的细旦或普旦涤纶长丝为经纬纱，织成相应品种的绸坯，再经染整加工，从而获得既有真丝风格，又有涤纶特性的面料。

（2）风格特征。外观风格与相应品种的真丝面料很接近，飘逸悬垂，手感滑爽，柔软舒适，具有良好的光泽感，又兼具涤纶面料的挺括耐磨、易洗免烫的特点，如图 3-58 所示。但是这类涤纶纤维织物具有吸湿透气性差，穿起来不凉爽，容易起静电，价格低廉等特点。

（3）主要品种。涤纶乔其纱、涤丝纺、涤纶双绉、涤纶织锦缎等。

（4）用途。适合制作男女衬衣及夏季套装、裙装等。

5. 涤纶仿麂皮织物

（1）织物特点。一般主要以细或超细涤纶为原料织成的机织物、针织物或无纺织物做基布，经起毛磨绒等特殊加工整理，形成性能外观近似天然麂皮的涤纶绒面织物，如图 3-59 所示。

（2）风格特征。具有质地柔软、绒毛细密丰满有弹性、手感丰润、坚牢耐用的特征。

（3）主要品种。常见的有人造高级麂皮、人造优质麂皮和人造普通麂皮。

（4）用途。适合做高级礼服、夹克衫、西服上装等。

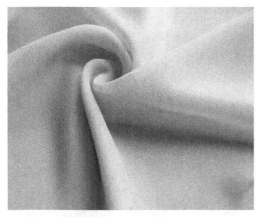

图 3-58　涤纶仿丝

图 3-59　涤纶仿麂皮绒

三、锦纶纤维面料

（一）锦纶织物的主要服用性能特点

耐磨性能居各种天然纤维和化学纤维之首，耐用性极佳。锦纶纯纺和混纺织物均具有良好的耐用性。吸湿性在合成纤维织物中较好，穿着的舒适性和染色性要比涤纶织物好。属轻型织物，在合成纤维织物中除丙纶外，锦纶织物较轻。因此，适宜制作登山服、羽绒衣等。弹性及回弹性较好，但在外力作用下容易变形，故其织物在穿用过程中易变皱。耐热性和耐光性均较差，在穿着使用过程中须注意洗涤和保养。

（二）锦纶织物各品种的特点及用途

1. 锦纶纯纺织物

锦纶纯纺织物是以锦纶丝为原料织成的各种织物，如锦纶塔夫绸、锦纶绉等。

（1）风格特征。具有手感滑爽，坚牢耐用，穿着轻便，防风防水，价格适中的特点，但也存在织物易皱且不易回复的缺点。

（2）品种及用途。锦纶塔夫绸织物表面特别光亮，并具有防水、耐磨、坚牢、手感柔软、质轻的特点。用于做轻便服装、羽绒服或雨衣布，亦可作服装里料，如图 3-60 所示。

锦纶绉成衣保型性好，坚牢耐用，价格适中，适于做夏季衣裙、春秋季两用衬衫、冬季棉衣面料，如图 3-61 所示。

2. 锦纶混纺及交织物

采用锦纶长丝或短纤维与其他纤维进行混纺或交织而获得的织物。

（1）风格特征。质地厚实，坚韧耐穿，但弹性差，易褶皱，湿强下降，穿着时易下垂。

（2）用途。适宜制作男女西装及春秋衫、风衣等。

图 3-60　锦纶塔夫绸

图 3-61　锦纶绸

四、腈纶纤维面料

（一）腈纶织物的主要服用性能特点

腈纶纤维织物有"合成羊毛"之称，拥有与天然羊毛相似的弹性及蓬松度，其织物具有良好的保暖性。具有较好的耐热性，居合成纤维第二位，且耐酸、氧化剂和有机溶剂。腈纶纤维织物具有良好的染色性，色泽艳丽。织物在合纤织物中属较轻的织物，仅次于丙纶，因此它是很好的轻便服装衣料。织物吸湿性较差，容易沾灰尘等污物，穿着有闷气感，舒适性较差。织物耐磨性差，是化学纤维织物中耐磨性最差的品种。腈纶面料的种类很多，有腈纶纯纺织物，也有腈纶混纺和交织织物。

（二）腈纶织物各品种的特点及用途

1. 腈纶纯纺织物

腈纶纯纺织物是采用100％的腈纶纤维制成，适合制作中低档女用服装，如图3-62所示。

（1）腈纶女士呢

① 织物特点。腈纶纯纺纤维制成的精纺腈纶女士呢，具有结构松散，色泽艳丽，手感柔软，有弹性的特点。

② 用途。适合制作中低档女用服装。

（2）腈纶膨体大衣呢

① 织物特点。以腈纶膨体纱为原料的纯纺腈纶膨体大衣呢，具有手感丰满、轻便保暖的毛型织物特征。

② 用途。适宜制作春秋冬季大衣、便服等。

2. 腈纶混纺织物

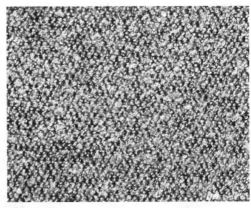

图 3-62　腈纶面料

腈纶混纺织物是指以毛型或中长型腈纶与黏胶或涤纶混纺的织物，包括腈/黏华达呢、腈/黏女衣呢、腈/涤花呢，其等风格特征如下。

（1）腈/黏华达呢

① 织物特点。腈/黏华达呢以腈、黏各占 50％的比例混纺而成。呢身紧密厚实，结实耐用，手感光滑、柔软，与华达呢相似，但弹性较差，易起皱。

② 用途。适合制作低廉的裤子。

（2）腈/涤花呢

① 织物特点。腈/涤花呢是以腈、涤各占 40％和 60％混纺而成，以平纹、斜纹组织加工而成，具有外观平整挺括、坚牢免烫的特点，但是舒适性较差。

② 用途。多用于做外衣、西服套装、中档服装等。

（3）腈/黏女衣呢

① 织物特点。腈/黏女衣呢是以 85％的腈纶和 15％的黏胶混纺而成，呢身轻薄，色泽鲜艳，耐用性好，但回弹力差。

② 用途。适宜做外衣等服装。

3.腈纶交织物

（1）织物特点。以棉纱做底，腈纶膨体纱为绒面拉绒纱的针织坯布，经拉毛及整理加工而成为腈纶拉绒织物。

（2）织物风格。绒面蓬松细密、轻柔保暖，洗涤方便，但耐磨性差，穿后绒毛易被磨损，价格比纯羊毛驼绒便宜，色泽鲜艳。

（3）应用。适于作冬季衣里衬，也是童装大衣的理想面料。

五、氨纶纤维面料

（一）氨纶织物的主要服用性能特点

氨纶弹性非常高，优异的弹力，又被称为"弹性纤维"，穿着舒适，很适合做紧身衣，无压迫感，如图 3-63 所示。氨纶织物的外观风格、吸湿、透气性均接近棉、毛、丝、麻等天然纤维同类产品。氨纶织物主要用于紧身服、运动装、护身带及鞋底等的制作。有较好的耐酸、耐碱、耐磨性。

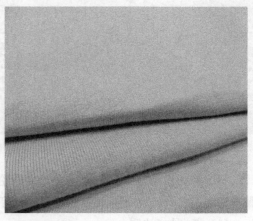

图 3-63　氨纶及制品

（二）氨纶织物各品种的特点及用途

（1）织物特点及品种。以含氨纶的面料为主，主要是棉涤、氨纶的混纺，氨纶一般不超过 2%，弹性主要决定于面料中氨纶所占的百分比，一般面料中所含氨纶比例越高，面料的延伸性越好，弹力越大。氨纶面料的主要特点就是它的优异的伸长特性和弹性回复能力，有很好的运动舒适性，同时兼具外包纤维的服用性能特点。

（2）用途。氨纶织物主要用于体型裤、紧身衣以及有弹性的服装，如滑雪衫、运动服、内衣裤、女胸衣等。

六、维纶纤维面料

（一）维纶织物的主要服用性能特点

维纶有合成棉花之称，但由于它的染色性和外观挺括性不好，至今只作为棉混纺布的内衣面料。其品种较单调，花色品种不多。维纶织物的吸湿性在合纤织物中较好，而且坚牢，耐磨性能好，质轻舒适。染色性及耐热性差，织物色泽较差，抗皱挺括性也差，维纶织物的服用性能欠佳，属于低档衣料。耐腐蚀、耐酸碱、价格低廉，故一般多用于做工作服和帆布。

（二）维纶织物各品种的特点及用途

1. 维/棉平布

（1）织物特点。采用维和棉纤维的普梳纱织成的平纹布，具有质地坚牢、柔软舒适、价格便宜的特点。

（2）用途。适于作内衣、便装、童装，本白色多用作兜布、里衬等。

2. 维/棉哔叽（华达呢）

（1）织物特点。采用与维/棉平布相同的纱织成的哔叽或华达呢类织物，一般多为深蓝色、本白色。

（2）外观特点。质地厚实，坚牢耐穿，柔软舒适，外观似棉布，不挺括，为低档服装衣料。

（3）用途。适于做工作服。

七、丙纶纤维面料

丙纶织物是近几年发展起来的合纤衣料，以快干、挺爽、价廉的优点受到消费者的欢迎，丙纶产品织物已由一般的细布向毛型感、高档化、多品种方向发展。

（一）丙纶织物的主要服用性能特点

相对密度比较小，属于轻装面料之一。吸湿性极小，因此其服装以快干、挺爽、不缩水等优点著称。具有良好的耐磨性，并且强度较高，服装坚牢耐穿。耐腐蚀，但不耐光、热，且易老化。舒适性欠佳，染色性亦很差。

（二）丙纶织物各品种的特点及用途

1. 丙/棉细布

（1）织物特点及品种。采用丙/棉（50/50）纱织成的平纹布，有本白色及杂色织物、印花和树脂整理花色品种

（2）风格特征。挺括爽利、易洗快干、坚牢耐用、价格低廉、布面平整，但有闷气感。

（3）用途。适于作童装、便服、工作服及衬衫等一般服装衣料。

2. 帕丽绒大衣呢

（1）织物特点。采用原液染色丙纶，以复丝加工成艺术毛圈纱，再织成别具风格的仿粗梳毛呢织物。

（2）风格特征。具有独特的呢面毛圈风格，色泽鲜艳，风格别致，质地轻薄，轻便保暖，较好的毛型感，其最大的优点是易洗快干，价廉物美。

（3）主要品种。纯丙纶织物、丙棉交织物两大类。

（4）用途。适于作男女青年春秋外衣、童装大衣、时装等衣料。

第三节　新型服装面料

随着科学技术的发展，人类所涉及的科技范围日益扩大，接触的天然和人为的气候条件也更加严酷，人们对健康提出了更高的要求，同时，随着人们环境保

护意识的增强，新型服装面料的开发利用越来越受到人们的关注，希望服装除了具有舒适合体、防寒保暖等基本功能外，还要被赋予新的功能。

依托于新型的技术，服装材料的发展正飞速前进，通过新纤维、新纱线、新的整理技术的实现，不断有新型面料问世，新型服装面料无论是在外观，还是内在性能上都得以改善。服装企业所推出的高科技新型服装材料层出不穷，使现代服装变得外观更加美观，穿着更加舒适，功能更加多样，风格更加新颖，新型纤维面料已经成为提高服装附加值的重要途径，服装舒适性和功能性的研发因此受到各国普遍重视，取得了很大的进展。

当前，绿色环保是世界各国各领域的热门主题，在服装领域同样要求设计师以一种更为负责的方法去设计产品，围绕人的健康、舒适，以及对生态环境的保护来开发新产品。随着科学技术的进步，各种环保型绿色及高性能纤维不断被开发出来。

一、新型天然纤维面料

（一）有机棉、有机麻

有机棉、有机麻属于绿色生态纤维，就是在棉花、麻的生长过程中，不使用化学品，如农药、化肥等。采用有机肥代替化肥，用生态方法防治病虫害，用转基因方法培育出抗虫害的绿色生态植物，从而避免在河流、土壤中留存有害的化学残留物，对人体也不会造成潜在的危害。

（二）天然彩色纤维

通过植入不同颜色的基因，使得棉花、蚕丝、羊毛等纤维面料无需染色即可获得不同的自然色彩，如图 3-64 所示，减少了染化料对环境的污染以及化学残留物对人体的伤害。

目前浅黄、棕色、绿色、粉红等颜色的彩色棉已获得成功，其主要物理性能和白色棉相近；俄罗斯已培育出彩色绵羊，其颜色品种有蓝、红、黄和棕色，澳大利亚也已培育出可产蓝色羊毛的绵羊，蓝色羊毛包括浅蓝、天蓝和海蓝；在改良兔毛方面，法国和中国都培育出了多种彩色兔。利用家蚕基因突变培育出的彩色蚕丝，制成服装后不易褪色，目前，我国培育出的彩色蚕丝主要有红、黄、绿、粉红、橘黄色等。

（三）竹纤维面料

该面料充分利用了我国丰富的竹资源，以竹浆替代木浆、棉浆，经过工艺处理，再由人工精心编织得到竹纤维面料，如图 3-65 所示。虽然竹纤维具有吸湿性好、着色性优异、色彩鲜艳、悬垂性好、手感柔软滑爽、夏季穿着凉爽透气的特性，但同样也存在着弹性差、耐磨性不好，特别是湿态性能差的缺点。与棉、麻、涤纶、锦纶等纤维混纺或交织，可改善竹浆纤维湿强力低、耐用性稍差的不足，主要应用在衬衫、针织衫、休闲装、睡衣、浴袍、毛巾等方面，尤其适用于夏季用织物。

图 3-64 有机彩棉

图 3-65 竹纤维

（四）桑树皮纤维面料

我国开发的桑树皮纤维技术填补了国内外关于桑树皮纤维研究和开发的空白，天然桑树皮纤维作为"生态纺织品"的典型原料，既具有棉花的特性，又具有麻纤维的许多优点。

二、新型化学纤维面料

（一）新型再生纤维面料

1. 天丝纤维面料

天丝（Tencel）纤维属于新型纤维素纤维可以循环使用，能够被自然环境分解，对生态环境无污染。具有天然纤维面料的吸水、透气、柔软等特性，同时还具有化纤面料的高强度，可纯纺，也可与棉、麻、涤纶等纤维混纺形成不同外观和风格的织物，广泛用于牛仔布、休闲装、职业套装、针织服装以及高级时装等产品，如图 3-66 所示。基于天丝面料卓越的环保特性和优异的服用性能，在未来将具有更广阔的市场前景。

2. 莫代尔面料

莫代尔（Modal）纤维原料采用欧洲桦木，先制成木浆再纺丝加工成纤维。它能够自然降解，纤维生产过程也符合环保要求。手感柔软、顺滑，具有丝质感，穿着舒适；吸湿性、染色性好，具有亮丽的色彩，色牢度也好。可生产机织、针织面料，特别适合于轻柔的贴身内衣、春夏季女装以及居家服饰，如图 3-67 所示。常与棉、麻、丝等各类纤维混纺或交织，既可以增加面料的柔软、滑爽手感，又可以改善纯 Modal 纤维产品挺括性差的缺点。

图 3-66 天丝面料

图 3-67 莫代尔面料

3. 牛奶纤维面料

采用牛奶蛋白通过特殊工艺制成的纤维，制成面料后的服装舒适柔软、滑爽透气、悬垂飘逸，具有天然面料的环保特色，特别适用于内衣、女性专用卫生品及床上用品等。

4. 大豆蛋白纤维面料

大豆蛋白纤维是我国自主研发的"绿色纤维"。它的原料来源数量大且可再生，其生产过程也完全符合环保要求。制成的面料光泽怡人，悬垂性好，手感柔软、滑爽，穿着舒适，而且强度高，面料尺寸稳定性好，抗皱性出色，与人体皮肤亲和性好。

5. 玉米蛋白质纤维面料

玉米蛋白质纤维的强度、吸湿性、伸长性和染色性能与常用的化纤接近，最大的优点是具有良好的环保性能。制成的面料具有耐高温、抗生物性、化学性质很稳定等优点，可与其他纤维进行交织或混纺，既降低织物成本，又能提高面料的柔软性、抗皱性、抗生物性、抗高温性和化学稳定性等性能。可用于内衣、外衣、运动衣、休闲装、家纺以及产业用。

（二）新型合成纤维

1. 超细纤维

超细纤维手感柔软细腻、光泽柔和，进行磨毛、砂洗等后整理工艺后，使织物具有更完美的外观和手感，利用超细纤维可制成高密织物，具有防风、防雨、防钻绒的性能，同时具有较强的吸附、过滤功能，高吸水、高吸油，具有高效的清洁能力，如图 3-68 所示。但有染色性能不佳，不易上染深色的缺点。目前主要用于防水防风防寒的高密织物、面料、内衣、运动服用料、仿麂皮织物、桃皮绒织物等，如图 3-69 所示。

2. 聚乳酸纤维（PLA 纤维）

聚乳酸纤维以玉米、小麦等为原料，通过熔融纺丝而制成的合成纤维。制成

图 3-68　超细纤维毛巾

图 3-69　超细纤维仿真皮绒

的面料性能优越，强度高，伸长大，易洗快干，服装保型性、抗皱性良好，穿着舒适，吸湿透气，弹性、悬垂性好。该纤维原料来源于天然植物，废弃后可自然降解，对环境不会造成负担，它可用作服装、家用纺织品、医疗卫生用品、农业、工业用材料，具有一定的发展前景。目前，一些欧美国家和日本都在大力发展 PLA 纤维的应用。

3. 异形纤维

是指非圆形截面的纤维，通常采用特殊形状的喷丝孔进行喷丝后得到，如图 3-70 所示。由于纤维的截面形状直接影响最终产品的光泽、耐污性、蓬松性、耐磨性、抗起毛起球性、吸湿吸水等特性，因此，人们可以根据不同的需求，选用不同截面来获得不同外观和性能的纤维。目前，已研制出三角形、Y 形、十字形、T 字形、五叶形、五角形、扁平形、豆形、工字形、中空等各种形状的纤维。

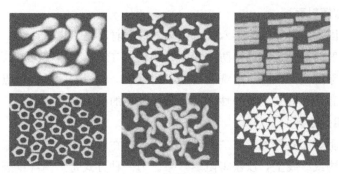

图 3-70　异形纤维截面

4. 复合纤维

是由两种及两种以上的聚合物或性能不同的同种聚合物按一定的方式复合而成的纤维。由于构成复合纤维的各组分高聚物的性能差异，使复合纤维制成的织物具有多种优良的性能，同时还可具有高卷曲、高弹性、易染性、难燃性、抗静电性等特性。

三、高性能、高功能纤维面料

（一）防静电面料

防静电是指具有能抵抗静电、吸收微波等特殊功能的服装面料，防静电织物的生产方法目前主要采用在纤维内部添加导电纤维或抗静电剂来获得抗静电效果，主要应用在 IT 业、电子制造业等防尘防静电要求很高的领域，具体品种还包括无尘服和电磁波防护服等。

（二）远红外线热纤维面料

远红外线热纤维面料是以可以发射远红外线的陶瓷粉末或钛元素等为添加剂，通过纺丝共混法或在后整理加工时，以涂层、浸轧和印花等方法施加到纺织品上而得到的面料。物体吸收了远红外线可以增加热能，有促进动、植物发育与新陈代谢的作用，常温下有杀菌、防腐、除臭的作用和效果。

（三）调温纤维面料

该面料的原理是加入纤维中空部分的介质可以随外界温度的变化发生熔融和结晶，介质熔融时吸收热量，结晶时放出热量，使纤维具有双向温度调节的功能，可以用于制作飞行服、宇航服、消防服、极地探险服、滑雪服和运动服等。

（四）防水透湿面料

防水透湿面料是一种通过增大织物密度或经 PU 涂层等方法制得的可呼吸面料，它不仅有防水功能，且兼具透湿功能，使人体产生的热气、汗液可透过织物而排出体外，而外界环境下的雨水或雪水不能进入服装内，实现了防水透湿的功能。

（五）防辐射面料

目前，国际上最先进的第六代电磁辐射屏蔽材料是多离子织物，是可以屏蔽中低电磁辐射的最先进的民用防护材料。精纺加工的多离子织物具有柔软舒适、色泽均匀、除臭抗菌性强、耐洗、耐磨、耐气候、使用寿命长等优点，制作的防护服不仅具有可靠的安全防护性，同时具有优良的服用性。

（六）阻燃面料

目前，阻燃面料的加工方法一种方式主要是在纤维中加入化学添加剂、阻燃剂固着在织物或纱线上，以获得阻燃效果。另一种方式是提高纤维裂解温度，抑制可燃气体的产生，增加炭化程度，使纤维不易着火燃烧，起到阻燃作用。

（七）防紫外线面料

防紫外线面料是通过涂层或添加有机化合物的方法使织物具有抗紫外线功能，服装的紫外线透过率与衣服的厚度、面料的纤维组成和组织结构、色泽与花纹等有着很大的关系。

（八）反光整理织物

该织物采用玻璃微珠或彩色的透明塑料微球黏附在织物表面上的加工方法制成。主要用于制作警服和铁路、公路、清洁工的工作服。

（九）空调服装面料

空调服装面料当今在一些技术比较发达的地区，已不是可望而不可及的面料，不同的国家对于其加工技术也不尽相同，美国采用对普通棉布进行聚乙烯乙二醇的特殊处理，使得棉布遇热膨胀时吸收热量，而遇冷收缩时放出热量。日本则通过使纤维分子间距在 25℃时发生改变的原理制成空调服装面料，达到调节温度的目的。

（十）变色服装面料

该面料由应用热敏和光敏技术、电子模拟技术制得的光敏变色纤维织造而成，可根据外界光照度、紫外线受光量的多少而发生可逆的色泽变化，与周围环境相适应。这种面料不仅可用于军队作战时的伪装，还可用于测定空气温度。

第四节　裘皮与皮革面料

毛皮与皮革既是最古老的大众服装材料，又是很现代的高档服装材料。早在远古时期，人类就发现了兽皮可以用来御寒和防御外来的伤害，毛皮和皮革应用于服装的制作早已有着悠久的历史，但生皮干燥后干硬如甲，给缝制和穿用带来诸多的不便。随着人类文明的不断发展，人类利用制造裘皮和皮革的方法也在不断地改进和完善。

通常，把直接从动物体上剥下来的毛皮称为生皮，生皮湿态时很容易腐烂变质，干燥后则干硬如甲，而且易生虫，易发霉发臭。生皮经过处理后，才能形成具有柔软、坚韧、耐虫蛀、耐腐蚀等良好服用性能的毛皮和皮革。一般将鞣制后的动物毛皮称为裘皮，而把经过加工处理的光面或绒面皮板称为皮革。

裘皮是防寒服装理想的材料，它花纹自然，绒毛丰满、密集，皮板密不透风，毛绒间的静止空气可以保存大量热量，故有柔软、保暖、透气、吸湿、耐用、华丽高贵的特点。既可做面料，又可充当里料和絮料，已成为人们穿用的珍品。

皮革经过处理后可得到各种外观，不同的原料皮，经过不同的加工方法，形成不同的外观风格，鞣制后的光面和绒面柔软丰满、粒面细致，有很好的延伸性，主要做服装与服饰面料，具有良好的服用性能，透气保暖，穿着舒适，美观大方，深受人们的喜爱。如今皮革服装不仅作为春、秋、冬季服装，还可经过特殊加工，做成轻、薄、软、垂的夏季衬衫和裙装，除了服装外，还可用于手套、鞋帽、皮包等附件。还可通过镶拼、编结以及与其他纺织材料组合可以构成多种形式，从而获得较高的原料利用率。裘皮和皮革作为高档华丽的服装面料，一直为大多数消费者所喜爱。随着环境保护意识的不断加强，人造裘皮、皮革加工技术的进步，同时，为了扩大原料皮的来源，降低皮革制品的成本，人们开发了人造毛皮和人造皮革。它们在外观上与真皮相仿，服用性能优良，缝制方便，从而大量进入服装工业，大大丰富了毛皮、皮革服装的原料及花色品种，更有利于保护生态环境，并以其物美价廉的优势而受到越来越多的喜爱和关注。

一、天然裘皮与皮革

（一）裘皮

1. 裘皮的结构

裘为毛皮服装的总称，毛皮主要由毛被与皮板组成。

（1）毛被。毛被一般由针毛、绒毛、粗毛三种体毛组成，针毛是伸到最外部呈针状的毛，数量少，粗且长，具有一定的弹性，赋予毛皮鲜艳的光泽和华丽的外观，覆盖着毛皮的全面积，起保护毛皮的作用，决定皮货耐用的期限；绒毛细短柔软，数量较多，绒毛密度越大，毛皮的防寒能力越好，它形成一隔离层，减少热量散发，决定了毛皮的保暖性；粗毛既具有保暖的作用，又具有保护和美化毛皮外观的功能，数量和长度介于针毛和绒毛之间，外部梢部像针毛，根部像绒毛。

（2）皮板。皮板由表皮层、真皮层组成，表皮层较薄，牢度很低；真皮层是皮板的主要部分，占全皮厚的 $90\%\sim95\%$。

2. 裘皮的主要品种及分类

（1）天然裘皮根据所取毛皮品种、质量的不同，其经济价值相差很远。一般可分为高、中高、中低三档。高档品种主要有紫貂皮、狐皮、灰鼠皮、水獭皮等；中高档品种主要有豹子皮、狸子皮等；中低档品种有兔皮、狗皮、羊皮、猫皮等。

（2）根据不同的动物体大小、毛皮皮板的大小与厚薄、毛被的颜色、粗细长短及外观质量，可以将毛皮划分为小细毛皮、大细毛皮、粗毛皮及杂毛皮四类。

小毛细皮：属于高级毛皮，毛短而细密，且柔软，适于做毛皮帽、长短大衣等。主要包括有紫貂皮，如图 3-71 所示，海龙皮、黄鼬皮、猸子皮、灰鼠皮、银鼠皮、黄狼皮、海狸皮等。

大毛细皮：属于高档毛皮，毛长，近年价钱涨幅较大，可制作皮帽、长短大衣等。主要包括有狐皮、貉子皮，如图 3-72 所示，猞猁皮、水貂皮、狸子皮、麝鼠皮、海狸皮等。

粗毛皮：属于中档毛皮，毛粗长，近年价钱涨幅也较大，可做帽、长短大衣、坎肩、衣里、褥垫等。主要包括有绵羊皮、山羊皮、羊羔皮、狗皮、狼皮、豹皮、旱獭皮、虎皮等。

杂毛皮：属于低档毛皮，毛长，皮板差。主要指狸猫皮、兔皮等。

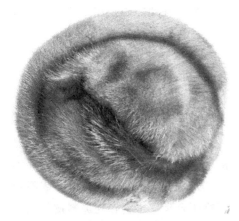

图 3-71　紫貂皮

图 3-72　貉子皮

3. 天然裘皮的优缺点

天然裘皮的优点主要是雍容美观，穿着大方，适合于各个年龄层次的需求。具有极高的抗寒保暖性，且花纹色泽十分优美，穿着舒适，结实耐用，是高档次的服装用料。但同时也存在一定的缺点，毛被会出现有结毛、掉毛、钩毛、毛被枯燥、光泽发暗、毛被发黏等现象，而皮板会出现有硬板、贴板、缩板、花板、油板、反盐、裂面等现象。

4. 裘皮的品质

裘皮的品质在一年四季中以秋冬为好，春夏为差。评估毛皮材料的品质主要依据毛被质量、皮板质量以及毛被与皮板的结合强度来判定。

（1）毛被的质量。毛被的质量主要从毛丛长度、毛被密度、光泽、弹性、柔软度、成毡性等方面进行衡量。毛长绒足的毛皮防寒效果好，毛密绒足的毛皮价值高而名贵，服装用毛皮以毛被柔软者为佳，毛被光泽以柔和、有油润感为好；毛丛弹性越大，弯曲变形后的回复能力越好，毛丛越蓬松越不易成毡，质量越好。

（2）皮板的质量。皮板的厚度、弹性、强度影响毛皮的质量。一般厚而弹性好、强度高的皮板质量好。

（3）毛被与皮板的结合强度。毛被与皮板的结合强度取决于皮板的强度、毛与板的结合牢度以及毛的断裂强度。皮板强度、毛与板的结合牢度以及毛的断裂强度较大时，毛皮质量好。一般秋季宰杀的动物毛和皮板的结合牢度较好。

（二）皮革

1. 皮革的分类

服装用革有皮面革和绒面革，且多为铬鞣的猪、牛、羊、麂皮革等，具有良好的透气性、吸湿性，并且染色坚牢，柔软轻薄。皮面革的表面保持原皮天然的粒纹，从粒纹可以分辨出原皮的种类。绒面革是革面经过磨绒处理的皮革，当款式需要绒面外观或皮面质量不好时，可加工成绒面。除此之外，皮革的种类还有很多，可根据不同的方法进行分类。

（1）按原料分。有猪革、牛革、羊革等。

（2）按制成方法分。有铬鞣革、植物鞣革、铬植结合鞣革等。

（3）按性质分。有轻革、重革（硬底革）等。

（4）按用途分。有工业用革、鞋用革、服装用革、箱包革等。

2. 天然皮革的优缺点

天然皮革有天然的纤维结构，具有较多的优点，如：遇水不易变形，干燥不易收缩，较好的舒适性和保暖性，穿着美观大方，防老化等。但天然皮革不稳定，不同部位大小厚度不均匀，整张皮革加工难于合理。也会存在原料皮的天然缺陷及生产过程造成的一些缺陷。

3. 皮革的主要品种

（1）牛皮革。牛皮革常指黄牛皮和水牛皮，服装及制鞋用革以黄牛皮为主。黄牛皮表面毛孔呈圆形，毛孔密而分散均匀，表面光滑平整、细腻，强度高，耐磨耐折，吸湿透气性好。粒面磨光后亮度较高，绒面革绒面细密，都是优良的服装材料。水牛皮表面毛孔比黄牛皮大，数量比黄牛皮少，表面较粗糙，皮质松软，不如黄牛皮丰满细腻，但强度高，可作箱包及皮鞋内膛、底等，如图 3-73 所示。

（2）羊皮革。羊皮分为山羊皮与绵羊皮，羊皮表面毛孔呈扁圆形，且排列清晰为规律性鱼鳞状。山羊皮薄而结实，柔软且有弹性，成品革粒面紧密，表面细腻，有高度光泽，是制作高档皮鞋、皮装、皮手套的上等原料；绵羊皮质地柔软，延伸性和弹性较好，强度较小，成品革手感滑润，粒面细致光滑，皮纹清晰美观，可制作皮装、皮手套等，如图 3-74 所示。

图 3-73　牛皮革

图 3-74　羊皮革

（3）猪皮革。猪皮的毛比较稀少，粒面凹凸不平，毛孔粗大而深，具有独特风格，透气性优于牛皮，猪皮的粒面层很厚，做鞋面革耐折，不易断裂，做鞋底革更耐磨，如图3-75所示。猪皮革的缺点是皮质粗糙，弹性差。绒面革和经过表面磨光的光面革是制鞋的主要原料。

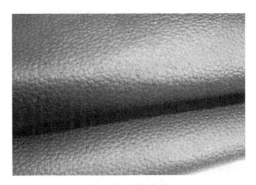

图 3-75　猪皮革

（4）马类皮革。马类皮革的毛孔稍大且呈椭圆形，排列为波浪形，皮面光滑细致，革质柔软。其中，前半身皮板较薄，手感柔软，吸湿透气性较好，可用于服装；后身皮板坚实，透气吸湿性较差，不耐折，一般作鞋底用革。

（5）麂皮革。麂的毛孔粗大稠密，皮质厚实，坚韧耐磨，皮面粗糙，斑痕较多，多用作绒面革。绒面革细腻、光滑、柔软，透气吸湿性较好，制作服装风格独特，如图3-76所示。

（6）蛇皮革。蛇皮革表面花纹特殊，革面致密，轻薄柔韧，耐折抗拉，可用于服装的镶拼及箱包的件，如图3-77所示。

图 3-76　麂皮革

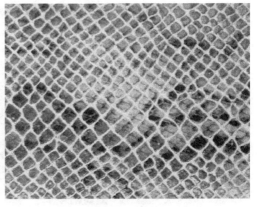

图 3-77　蛇皮革

4. 皮革的品质

评估皮革材料的品质，主要通过以下几个方面来衡量。

（1）皮革的身骨。身骨丰满而有弹性者较好。

（2）柔软度。服装用革要求松软而不板结。

（3）粒面细度。指皮革粒面加工后的细洁光亮程度。不失天然革的外观，细洁光亮者为好。

（4）皮面伤残。主要指原料皮的伤残和加工过程产生的伤残。这些伤残会给皮革带来疤痕，影响成衣的外观质量。皮革的主要伤残有蛇眼、反盐、裂面、硬面、脱色、漏底等。

二、人造裘皮与人造皮革

为了保护生态、降低皮革制品的成本、扩大原料皮的来源，人们利用仿真技术，开发了人造毛皮和人造皮革等新品种。这些制品的服用性能优良，缝制与保管方便，而且价格低廉，可作为毛皮与皮革的替代品。

（一）人造毛皮

1. 人造毛皮的种类

与天然毛皮相似，如图 3-78 所示，人造毛皮由底布和绒毛两部分组成，根据底布结构和绒毛固结方式的不同，可分为以下不同类。

（1）针织人造毛皮。针织人造毛皮是在针织毛皮机上采用长毛绒组织织制而成，使织物表面形成类似于针毛、绒毛层的结构，外观酷似天然毛皮。

（2）机织人造毛皮。机织人造毛皮是在长毛绒织机上采用双层结构的经起毛组织织制而成，经两个系统的经纱与同一个系统的纬纱交织后割绒而成。

（3）人造卷毛皮。人造卷毛皮是在针织人造毛皮和机织人造毛皮的基础上或将毛被加热卷烫而成。其外观仿羔羊皮，但手感较硬。

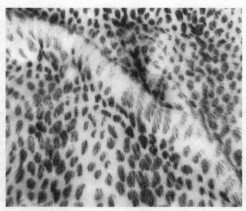

图 3-78　人造毛皮

2. 人造裘皮的性能

大多数人造裘皮采用化学纤维制成，毛色均匀，花纹连续，质地轻巧，有很好的光泽与弹性、优良的保暖性和透湿透气性，光滑柔软，不霉不易蛀，结实耐穿，弹性好，容易水洗，穿用方便，且幅宽宽，利用率高；缺点是容易产生静电，易沾尘土，且经洗涤后，仿真效果逐渐变差。

（二）人造皮革

人造皮革，又称人造革、合成革，即仿皮革。它将树脂、增塑剂或其他辅料组成的混合物涂敷或贴合在机织物、针织物或非织造布的基材上，再经特殊的加工工艺制成。

1. 人造皮革的种类

（1）人造革。是以合成树脂（聚氯乙烯、聚氨基等）为原料，以纤维制品（如平纹布、针织汗布、非织造布等）为基材，相互复合制成的拟革制品，如图3-79所示。

（2）合成革。是采用微孔结构的聚氨酯树脂为原料，以纤维制品（如非织造布）为底布，相互复合制成的拟革制品。根据使用的底布，可以划分为非织造布底布的合成革和织物底布的合成革，如图3-80所示。

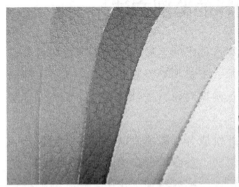

图 3-79　人造革　　　　　　　　　　　　图 3-80　合成革

（3）人造麂皮（仿绒面革）

一种是对聚氨酯合成革进行表面磨毛，加工成聚氨酯磨毛型人造麂皮；另一种是采用机械式或电子式植绒方法，将短纤维绒固结于涂胶底布上制得植绒型人造麂皮，如图3-81所示。

2. 人造皮革的性能

（1）人造革的性能。光滑柔软，能防水，不怕脏，强度与弹性较好，耐污易

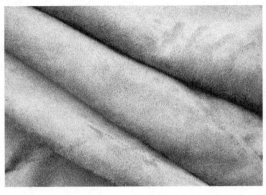

图 3-81　人造麂皮

洗，不脱色，且革幅较大，厚度均匀，便于裁制。不足是透气吸湿性差，制成服装后舒适性较差。广泛用于箱包、车辆坐垫、沙发包布及服装等。

（2）合成革的性能。合成革的主要特征是表面美观，丰满柔软，酷似真皮，耐磨耐折，透气透湿，穿着舒适。可以制作箱包、鞋、手套和服装等。

（3）人造麂皮（仿绒面革）的性能。聚氨酯人造麂皮具有良好的透湿透水性、较好的弹性和强度，并且易洗快干，是理想的绒面革代用品；植绒型人造麂皮可以具有多种外观效果，如提花风格、绒面外观、装饰效应等。两种人造麂皮都有麂皮般均匀细腻的外观，并具一定的透气性和耐用性，但后者手感较硬。

第五节　服装面料的鉴别方法

服装材料的品种繁多，随着化学纤维制造技术的发展，混纺和交织的面料也日益增加，性能各异。然而对于服装设计师、工艺师等服装专业人员来说，准确地鉴别面料种类，掌握面料的服用性能，正确地对面料进行设计、加工和保养是十分必要的。

现代的鉴别方法很多，要准确地确定纤维成分，需要借助先进的检测仪器和手段。鉴别的方法主要有手感目测法、燃烧法、显微镜观察法、化学溶解法、药品着色法、熔点法等，各种方法各具特点，在纤维的鉴别工作中，往往需要综合运用多种方法，才能做出准确的结论，以下将对各种鉴别方法作出简要的介绍，应采用简便易行的方法进行快速而较为准确的鉴别。

一、手感目测法

该方法主要是依靠人眼看、手摸、耳听等感官来鉴别纤维种类的一种方法。不需任何测量仪器，简便经济，但可靠性差，手感目测法往往是人从主观上判断纤维织物的舒适、弹性、光滑程度、柔软、冷暖、含水程度等，需丰富的实践经验与反复对比才可得出结论，很难作恰如其分的表达，大多作为鉴别的初步参考。

织物的手感与纤维原料、纱线品种、织物厚薄、重量、组织结构、染整工艺都有密切关系。首先是看其颜色、光泽，再看其布面的状态，平滑粗糙等；然后摸其身骨，判断柔软度、挺括度等；通过捏紧放松感觉材料对你手的弹力与反应；通过拆其纱线，观察其粗细整齐程度。各种纤维的特点如下。

（一）天然纤维

1. 棉织物

光泽比较柔和自然，手摸比较柔软并带有温暖感。棉纤维带有各种杂质疵点，强力比较低，因此容易拉裂，棉布在用手捏紧后放开有明显的折痕，纤维的回弹力低。精梳棉织物外观平整、均匀细腻，多为细薄织物。

2. 麻织物

比较粗硬，疵点较大，强度比较高，手感硬挺凉爽，布面比较粗糙，有明显褶皱。

3. 毛纤维

长度相对于棉、麻较长，纤维卷曲富有弹性，用手捏不会有折痕，手感柔软舒适。毛织物外观光泽自然、保暖性强、颜色莹润。精纺毛织物纹路清晰，粗纺毛织物纤维排列不整齐，结构蓬松。

4. 丝织物

光泽柔和，手感柔软平滑，有凉爽感，抗皱性能比较差，真丝具有很强的伸度和弹性，手捏可看到明显折痕，反复地揉搓可以听到独有的丝鸣声。吸湿性比较强；人造丝手感没有真丝柔软，稍显粗硬，有湿冷感，衣料容易破碎。

（二）化学纤维

化学纤维光泽没有天然纤维柔和，手感滑腻，强力较大，不易产生褶皱，长度较整齐，平滑顺直，毛羽较少，用目测的方法比较难以区分各种化学纤维种类。黏胶纤维的湿强比较低，涤纶、锦纶等合成纤维的强力高、伸长能力大，回弹性也比较好。

二、燃烧鉴别法

燃烧法是在感官法的基础上，再作近一步判断的方法，利用各种纤维的不同化学组成和燃烧特征来粗略地鉴别纤维种类。将一小束纤维慢慢移近火焰，仔细观察纤维接近火焰时、在火焰中以及离开火焰时，烟的颜色、燃烧的速度、燃烧后灰烬的特征以及燃烧时的气味来进行判别，燃烧法适用于单一成分的纤维、纱线和织物的鉴别，对混纺产品、包芯纱产品以及经过防火、阻燃或其他整理后的产品不适用。如表 3-1 所示，就纤维靠近火焰、在火焰中和离开火焰的燃烧情况、气味以及灰烬的颜色、形状和硬度等通进行系统的说明。

表 3-1　各种纤维的燃烧状态

纤维名称	接近火焰	在火焰中	离开火焰	燃烧时的气味	燃后残渣
棉、麻、黏胶	不熔不缩	迅速燃烧	继续燃烧	烧纸味	少量灰白色的灰烬
羊毛、蚕丝	收缩	渐渐燃烧	不易延烧	烧毛发臭味	松脆黑色块状物
涤纶	收缩、熔融	先熔后燃烧且有熔液滴下	能燃烧	特殊芳香味	玻璃状黑褐色硬球
锦纶	收缩、熔融	先熔后燃烧且有熔液滴下	能延烧	氨臭味	玻璃状黑褐色硬球
腈纶	收缩、微熔发焦	熔融燃烧有发光小火花	继续燃烧	有辣味	松脆黑色硬块

续表

纤维名称	接近火焰	在火焰中	离开火焰	燃烧时的气味	燃后残渣
维纶	收缩、熔融	燃烧	继续燃烧	特殊甜味	松脆黑色硬块
丙纶	缓慢收缩	熔融燃烧	继续燃烧	轻微沥青味	硬黄褐色球
氯纶	收缩	熔融燃烧有大量黑烟	不能燃烧	有氯化氢臭味	松脆黑色硬块

三、显微镜鉴别法

显微镜观察法是将纤维纵向与横截面放置在显微镜下，借助显微镜来观察纤维的外观和横截面形态，从而达到识别纤维的目的，此法可用于判断天然纤维纯纺、混纺及交织物的面料，但对化学纤维面料的鉴别比较困难，几种纤维纵横向形态如表 3-2 所示。

表 3-2　各种纤维纵横向形态

纤维名称	纵向形态	横截面形态
棉	天然转曲	腰圆形，有中腔
羊毛	表面有鳞片	圆形或近圆形，有毛
蚕丝	平滑	不规则角形
苎麻	有横节、竖纹	腰圆形，有中腔及裂缝
亚麻	有横节、竖纹	多角形，中腔较小
黏胶纤维	纵向有沟槽	锯窗形，有皮芯层
维纶	有 1～2 根沟槽	腹圆形，有皮芯层
腈纶	平滑或有 1～2 根沟槽	圆形或哑铃形
涤纶、锦纶、丙纶	平滑	圆形

四、化学鉴别法

利用化学药剂或某些特种着色剂来鉴别分析纤维原料的方法，此类方法准确性较高，这种方法适用于各种纺织材料，包括染色的和混合成分的纤维、纱线和织物，甚至还可测定混纺的组分比例，此方法包括溶解法和着色法。

1. 溶解法

化学溶解法是利用各种纤维在不同的化学溶剂中的溶解性能来鉴别纤维的方法，此方法适用于各种织物。鉴别时，把拆散的纱线与纤维放入试管中，取一定浓度的溶剂注入试管，然后观察溶解情况（溶解、部分溶解、微溶、不溶），记录其溶解温度。由于溶剂的浓度与温度对纤维的溶解状态有较明显的影响，因此在用溶解法鉴别纤维时应严格控制溶剂的浓度与温度，各种纤维的溶解性能如表3-3所示。

表 3-3　各种纤维溶解性能

纤维名称	盐酸 37%24℃	硫酸 75%24℃	甲酸 85%24℃	氢氧化钠 5%煮沸	冰醋酸 24℃	二甲基甲酰胺 24℃	二甲苯 24℃
棉	不溶解	溶解	不溶解	不溶解	不溶解	不溶解	不溶解
羊毛	不溶解	不溶解	不溶解	溶解	不溶解	不溶解	不溶解
蚕丝	溶解	溶解	不溶解	溶解	不溶解	不溶解	不溶解
麻	不溶解	溶解	不溶解	不溶解	不溶解	不溶解	不溶解
黏胶纤维	溶解	溶解	溶解	不溶解	不溶解	不溶解	不溶解
醋酯纤维	溶解	溶解	溶解	部分溶解	溶解	溶解	不溶解
涤纶	不溶解	不溶解	不溶解	不溶解	不溶解	不溶解	不溶解
锦纶	溶解	溶解	溶解	不溶解	不溶解	不溶解	不溶解
腈纶	不溶解	微溶	不溶解	不溶解	不溶解	溶解(93℃)	不溶解
维纶	溶解	溶解	溶解	不溶解	不溶解	不溶解	不溶解
丙纶	不溶解	不溶解	不溶解	不溶解	不溶解	不溶解	溶解
氯纶	不溶解	不溶解	不溶解	不溶解	不溶解	溶解（93℃）	不溶解

2. 药品着色法

根据不同的纤维对不同的染料有不同的着色差异对纤维进行鉴别，由于此法只适用于未染色织物，故在进行鉴别前先除去织物上的染料和助剂，以免影响鉴别结果。常用的着色剂分通用和专用的两种。通用着色剂是由各种染料混合而成的，可对各种纤维着色，再根据所着的颜色来鉴别纤维；专用着色剂是用来鉴别某一类特定纤维的，常见的纤维着色反应，如表3-4所示。

表 3-4　各种纤维的药品着色反应

纤维种类	HI 纤维鉴别着色剂	碘-碘化钾溶液着色
棉	灰	不染色
麻(苎麻)	青莲	不染色
蚕丝	深紫	淡黄
羊毛	红莲	淡黄
黏胶纤维	绿	黑蓝青
铜氨纤维	—	黑蓝青
醋酯纤维	橘红	黄褐
维纶	玫红	蓝灰
锦纶	酱红	黑褐

续表

纤维种类	HI 纤维鉴别着色剂	碘-碘化钾溶液着色
腈纶	桃红	褐色
涤纶	红玉	不染色
氯纶	—	不染色
丙纶	鹅黄	不染色
氨纶	姜黄	—

第四章　服装材料的后整理与保养

04 Chapter

我们在服装市场上所看到的服装成衣有着不同的外观、风格与性能，除了受纤维原料的种类、纱线与织物结构的影响外，织物的印染和后整理方法也起了重要的作用，后整理可以赋予服装面料不同的花色图案、手感或特殊功能。

近几年，后整理技术在迅猛发展，并取得了较大的进步，大部分服装需要通过后整理技术来为服装增加附加值，很多国外的服装企业，为了保证自己的品牌不被仿冒，常常根据自己的花色要求实行定织定染，所以，无论是服装品牌的经营者、生产者，还是设计者，都需具备一定的后整理知识，以便全面而正确地认识和选用服装材料，以下将对服装材料的印染及后整理进行简要的概括。

第一节　服装材料的染整加工

一、服装材料的染色与印花

众所周知，服装材料经过织造后主要的产品是坯布，它需要经过染色及其他一些相关的特殊加工，才会被赋予新的外观。将颜色赋予纺织品是一个艺术与技术相结合的复杂过程，染色是使染料或颜料与纤维发生物理或化学结合，使服装及其材料染上颜色的加工过程。服装或面料的颜色是影响销售的重要因素之一，染色也是服装加工过程中较为重要的整理工序。

（一）染料

染料一般属于有机化合物，大多能溶于水，或通过一定化学试剂处理能转变成可溶于水的物质。染料品种很多，在染色过程中，首先必须对染料的性质有所了解，不同染料与纤维的亲和力不同，并且具有不同的染色牢度与染色工艺，因此，要按纤维种类和其他加工要求来选用不同的染料。

服装材料染色的染料根据来源可分为天然染料和合成染料两种。

1. 天然染料

天然染料来自于自然界的有色物质，是从植物、动物、矿物中提取出来的。早在很久以前，人类就已经发现并利用了天然染料，但由于色谱不全，染色牢度较差等缺点，现在使用的范围在逐渐缩小。近几年，由于人们越来越重视生态环境，回归自然，所以又重视对天然染料的利用与研究。

2. 合成化学染料

合成化学染料是以碳分子为中心的化合物，合成染料品种很多，不同染料适用于不同纤维的染色，几种常用染料的性能及各种纤维的染料选用类别，如表4-1和表4-2所示。

表4-1 常用染料的性能及应用范围

染料名称	染色性能	应用范围
直接染料	应用方便，易于掌握，价格低廉，色谱齐全，色泽鲜艳，在中性盐或弱碱性盐存在的条件下，经煮沸可直接上染纤维素纤维，但染色牢度不够理想，大多需要固色剂处理加以改善	纤维素纤维、羊毛、蚕丝、皮革
活性染料	牢度好，色谱多，色泽饱满，匀染性好，使用方便，成本低廉	纤维素纤维、蛋白质纤维、皮革
还原染料	不溶于水，染色时需加烧碱和还原剂使其溶解后才能上染纤维，然后经过空气或其他氧化剂氧化，纤维才显出真实的颜色。其色牢度好，耐洗又耐晒，但价格较贵，工艺烦琐	纤维素纤维，如传统的牛仔裤及云南的蜡染布即用此类染料
酸性染料	易溶于水，色泽鲜艳，色谱齐全，工艺简便，酸性染料分为强酸性、弱酸性及中性染色的染料	强酸性染料主要用于染羊毛，色牢度较差；中性、弱酸性染料主要用于染羊毛、蚕丝、锦纶、皮革
酸性媒介染料	此类染料染色时必须通过媒染剂才能完成染色过程，可得到较好的皂洗及日晒牢度，但颜色不如酸性染料鲜艳，适合深色的染色	羊毛、蚕丝、锦纶、皮革
阳离子染料（碱性染料）	着色能力强，色泽鲜艳，色牢度好，它与上述染料不同之处是色素离子带的是阳电荷，而不是阴电荷，故得此名，尤其耐晒	阳离子可染涤纶、腈纶、变性腈纶
中性染料	色谱齐全，但颜色不够鲜艳，特点同酸性媒染染料，耐高湿性好，色牢度较好，适合于染中、深色	在中性条件下染羊毛、锦纶与维纶等
分散染料	这类染料基本不溶于水，要靠分散剂将染料分散成极细的颗粒后进行染色。分散染料有低温型、高温型和通用型。其色牢度好，但价格较贵，且染色时需采用特殊的条件	主要用于涤纶、醋纤和腈纶的染色，也可染锦纶、维纶等
不溶性偶氮染料	色泽鲜艳，色谱齐全，水洗牢度和日晒牢度很好，色泽不够丰满，染色工艺较复杂，有一定的污染性，已很少使用	深色浓艳的棉织物

表 4-2   各种纤维的染料选用类别

纤维类别	可选用染料类别
纤维素纤维及其制品	直接染料、活性染料、还原染料、不溶性偶氮染料
羊毛及其制品	酸性染料、酸性媒介染料
蚕丝及其制品	酸性染料、酸性媒介染料、直接染料、活性染料
醋酸纤维及其制品	分散染料
涤纶纤维及其制品	分散染料
锦纶纤维及其制品	酸性染料、酸性媒介染料、分散染料
腈纶及其制品	碱性染料（阳离子染料）
维纶及其制品	还原染料、酸性媒介染料、直接染料、分散染料

(二) 印染方式

根据染色加工的对象不同，染色方式可分为纤维染色、纱线染色、织物及服装染色，其中织物染色应用最广，纱线染色多用于色织物和针织物，纤维染色则主要用于混纺或厚密织物的生产。服装及织物的染色方式具体如下。

1. 纤维染色

以散纤维状态或梳理成条后进行染色。这样的染色方式可使织物的颜色均匀，同时也可用于织造混色织物，如毛织物中的派力司、法兰绒等。

2. 纱线染色

以绞纱或筒子纱线的方式进行染色，用来织造条格或花式织物，如棉及棉混纺织物中的色织布，毛织物中的花呢，以及丝绸中的花色织物。

3. 织物染色

以织物方式染色，也叫匹染。这种染色方式适用于单色织物，且适用于各种纤维织物的染色。

4. 服装染色

由于服装染色容易出现染色不匀的弊病，所以较少应用，只限于洗染店中的染色。

(三) 染色方法

服装或面料的染色效果主要是由染色方法来决定，以下介绍的染色方法主要有浸染、扎染、吊染等各种常用的染色方法，既可用于工业染色，也可用于手工染色，是服装设计师创作个性化作品的有效手段。

1. 浸染

浸染指的是染色时将面料或服装浸泡在配制好的染浴中，在一定的温度条件下，保持一定时间，中间通过不断搅拌来完成染色过程，染后还要经过洗涤，去除浮色。采用浸染方法得到的面料或服装通常是一种颜色，是最常采用的方法，如图 4-1 所示。

图 4-1　浸染

2. 扎染

扎染是我国民间一种古老的手工印染方法，即利用缝扎、捆扎、包物扎、打结、叠夹等方法，使部分面料压紧，染料不易渗透进去，起到防染效果，而未被压紧部分可以染色，形成不同图案色彩，如图 4-2 所示。

扎染可以应用在丝绸、纯毛、纯棉、纯麻、黏胶、锦纶等不同面料上，获得各种风格独特的效果。扎染产品花型活泼自然，有晕色效果。扎染产品是手工单件操作完成，可随时变换花型，即使用同一方法，所得花型也有一定差异，给人以新奇感。目前，市场上扎染的服装、头巾、包等，颇受国内外人士欢迎。

图 4-2　扎染

3. 蜡染

蜡染也是我国民间流传的一种传统的印染方法，在贵州、云南一带尤为普遍。蜡染是利用蜡特有的防水性作为面料染色时的防染材料，染色前将蜡熔化，然后在面料上用蘸蜡笔或特殊器具描绘图案，待蜡冷却产生龟裂，再进行染色，之前封蜡处不上染，无蜡及龟裂处有颜色，形成一种既有规则图案，又有不规则裂纹的特殊风格，如图 4-3 所示。

图 4-3　蜡染

4. 泼染

泼染是将染液通过泼洒或涂刷于面料或服装上的染色方法，能达到抽象随意、神秘莫测的效果，可产生水滴状的图案，如图 4-4 所示。

图 4-4　泼染

5. 吊染

吊染是近年较流行的一种染色方式，它是将面料或服装吊挂起来，然后反复在染液中浸泡上染，通过面料或服装的下端浸泡在染液中时间长、重复次数多来形成不同的花纹效果。用于裙子、T 恤、风衣、毛衣、围巾等各类服装中，如图 4-5 所示。

图 4-5 吊染

以上的染色方法都不止可染一种颜色，通过用两种甚至多种颜色反复进行扎染、蜡染、吊染等，可获得更丰富的色彩纹样效果。除了以上几种染色方法外，还可通过手绘、喷射等方法来赋予服装色彩，以满足人们追求个性化的要求。

（四）服装材料的印花

印花是指在纺织品上通过特定的机械和化学方法，局部施以染料或涂料，从而获得花纹或图案的加工过程。印花是一种综合性的加工技术，生产过程通常包括：图案设计、花纹雕刻、色浆配制、印花、蒸化、水洗处理等几个工序，在生产过程中只有各工序间良好协调、相互配合才能生产出合格的印花产品。

印花使用与染色相同的染料或颜料，区别在于染色时染料要溶解于水溶液中，而印花时为了防止渗化，保证图案轮廓清晰，使用颜料印花时，需要加入黏合剂使颜料能黏合于纤维表面，由于颜料是不透明的，能够遮掩下面的材料，因此其适用范围很广。下面将对几种常用印花方法进行介绍。

1. 直接印花

直接印花又可以分为筛网印花和滚筒印花。

筛网印花是在尼龙、涤纶或金属丝网上面做成不同的花纹，然后在有花纹处用胶将网孔封闭，其他部位仍保留网孔（也可相反，在无花纹处封闭，有花纹处保留网孔）。这样，通过刮涂染料浆或涂料浆，被胶封闭处不漏浆，织物不上色，而在网孔处染料按花纹印在面料上，如图 4-6 所示。

滚筒印花是将图案通过雕刻的铜滚筒印在织物上，滚筒上可以雕刻出紧密排列的十分精致的细纹，因而印制的图案十分细致、柔和，如图 4-7 所示。滚筒印花每一种花色各自需要雕刻一只滚筒，因其雕刻费时且费用较高，只有大批量生产时该方法才比较经济合理。

图 4-6　筛网印花

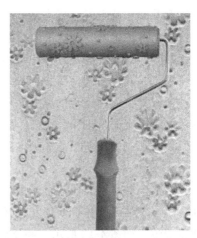

图 4-7　滚筒印花

2. 热转移印花

热转移印花首先将设计图案利用分散染料印制在转移印花纸上，然后利用热转移印花机高温热压，使转印纸上的染料升华并转移到织物上，完成印花过程，如图 4-8 所示。热转移印花可以使用特殊设计的图案印制衣片，花型设计自由，也便于进行局部印花，这种方法工艺相对简单、操作方便，无废水污染，一般不需要进一步处理，又可以在印花前对印花纸进行检验，消除对花不准和其他疵病，因此热转移印花织物很少出现次品，常用在涤纶织物上。

图 4-8　热转移印花

图 4-9　数码印花

3. 数码印花

数码印花也称为喷射印花，是一种利用喷墨打印机将染料液滴喷射并停留在织物的精确位置上，经过处理后，染料能固定于面料表面并渗透进入纤维内部的印花方法。这种方法设计灵活，不需要制网，不受图案中颜色套数限制，相对于滚筒和筛网印花省时且成本低，并且使用灵活，花型变化方便，特别有利于小批量产品生产或批量生产前的打样，如图 4-9 所示。

数码印花技术因其众多优势而受到设计师的青睐。首先它印制的花型定位准确，可以在衣片的任何部位准确定位，使花型图案富有个性化，这给了设计师以足够的设计空间，近年国际上一些著名的服装设计师都纷纷利用该项技术进行新的色彩、图案的再创作。此外，该技术无废水污染，属于新型的绿色环保技术，使其成为最有发展前景的一项印花技术。

4. 发泡印花

发泡印花是指在印花色浆中添加发泡剂和热塑性树脂，经高温烙烘后，发泡剂分解，释放出气体，使印花色浆膨胀而形成立体花型，并借树脂浆涂料固着，获得着色，如图 4-10 所示。经发泡印花的织物能经受一般洗涤和耐磨牢度要求，但不耐干洗。

图 4-10　发泡印花　　　　　　　　　图 4-11　金银粉印花

5. 金银粉印花

金粉印花是将铜铸合金粉末与涂料印花黏合剂等助剂混合调配成金粉印花浆，印在织物上，使织物呈现光彩夺目的印花图案。一般使用结膜性能好的自交联黏合剂和抗氧化剂，以防止铜粉在空气中氧化，保证金粉光泽持久，如图4-11所示。

银粉印花是将纯铝粉通过加入抗氧化剂，调成印花浆后印在织物表面，铝粉的性质更为活泼，表面易形成氧化膜，印浆的稳定性差，在实用中不及金粉印花普遍。

6. 发光印花

发光印花是将发光体制成涂料用黏合剂黏着于织物或服装上，发光体有荧光、夜光、磷光和珠光等，如图 4-12 所示。

图 4-12　发光印花

图 4-13　烂花

7. 烂花

织物中纱线由两种以上的原料构成，且两种纤维原料的化学性能不一样，其中某一种纤维原料能溶解，便可得到烂花面料。利用这一原理可制成薄似蝉翼、似透非透的织物，如图 4-13 所示。

8. 经纱印花

经纱印花是指在织造前，先对织物的经纱进行印花，然后与素色或与所印经纱的颜色反差很大的纬纱一起织成织物，可在织物上获得模糊的、边界不均匀的图案效果，如图 4-14 所示。

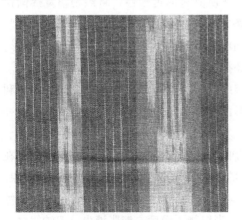

图 4-14　经纱印花

图 4-15　激光雕刻印花

9. 激光雕刻印花

激光雕刻印花是采用激光雕刻技术和计算机辅助设计技术相结合，利用激光对织物的表面进行高温刻蚀，将织物表面的部分颜色破坏，从而赋予其特殊花纹效果的印花工艺，如图 4-15 所示。激光雕刻印花技术目前应用在牛仔布、皮革等面料上，一般多用于深色面料。

二、服装材料的后整理

如今人们越来越重视面料或服装的后整理，因为整理能增加美感，能改善制品的外观、手感，能赋予特殊功能，是服装品牌提高产品档次和附加值的重要手段。服装材料的整理是采用一定的机械设备，通过物理、化学或物理化学的加工方法，改善服装材料的外观和内在质量，提高服用性能或赋予某种特殊功能。

织物整理的内容和方法有很多，若按整理方法来分，大致可分为以下三类。

物理方法是利用水分热量、压力或拉力等机械作用来达到整理目的。如上拉幅、定型、预缩、轧光、电光、轧纹等方法。

化学方法是利用一定的化学试剂与纤维发生化学反应，从而改变织物的服用性能。如利用不同的树脂进行整理，使织物达到抗皱免烫、防静电、拒水、阻燃等效果。

物理化学方法是将物理和化学方法相结合，给予织物耐久的整理效果或某些特殊性能。如耐久性轧光整理、轧纹整理、防油防污整理、防水透湿整理等。

按照整理目的以及产生的效果，可分为形态稳定整理、外观风格整理和特种功能整理，下面对各种整理方法进行详细介绍。

（一）形态稳定整理

1. 拉幅、定型

拉幅整理是利用纤维在湿或热的条件下所具有的可塑性，将织物幅宽逐渐拉阔至规定的尺寸并进行烘干，使织物形态得以稳定的工艺过程，也称定幅整理。为了使织物具有整齐划一的稳定门幅，同时又能改善织物在服用过程中的变形，一般织物在染整加工基本完成后，都需经拉幅整理。

热定型是对热塑性纤维及其混纺、交织物进行形态稳定处理的工艺，主要利用纤维受热后收缩变形、冷却后固定其形的原理。

2. 预缩

预缩是用物理方法减少织物浸水后的收缩以降低缩水率的工艺过程。织物在织造、染整过程中，经向受到张力，经向的屈曲波高减小，因而会出现伸长现象。而亲水性纤维织物浸水湿透时，纤维发生溶胀，经纬纱线的直径增加，从而使经纱屈曲波高增大，织物长度缩短，形成缩水。当织物干燥后，溶胀消失，但纱线之间的摩擦牵制仍使织物保持收缩状态。机械预缩是将织物先经喷蒸汽或喷雾给湿，再施以经向机械挤压，使屈曲波高增大，由于纤维、纱线之间的相互挤压和搓动，织物手感的柔软性也会得到改善。预缩处理后的织物其形态稳定性得到提高。

3. 毛织物防缩

羊毛纤维制品在水中能吸收大量的水分并且膨润，干燥后与棉织物相比不仅会发生更大量的缩水，而且每次洗涤都会继续缩水，这种现象出现是因羊毛纤维表面具有鳞片结构和独特的内部结构所致。毛织物的防缩加工整理方法有去除表面的鳞片、用树脂加工防止缩绒和冷热压缩处理等。

（二）外观风格整理

1. 光泽整理

（1）轧光。轧光是利用纤维在湿热条件下具有可塑性，将织物通过重叠在一起的轧辊，纱线被压扁，竖立的绒毛被压服，织物的表面变得平滑光洁，漫反射减小，光泽增强，且手感也有改善。轧光整理使织物获得柔和的光泽外，还可使织物具有柔软的手感和清晰的纹路，如图 4-16 所示。

（2）电光。电光整理的原理与轧光基本相同，采用的设备也类似，通常都是由一硬一软上下滚筒搭配而成。所不同的是电光机的硬滚筒表面刻有一定倾斜角度的纤细线条，当织物通过轧点后，将其表面压成很多平行的细斜线，因而对光线产生规则的反射，获得明亮的光泽，如图 4-17 所示。

图 4-16　轧光

图 4-17　电光

（3）丝光。丝光是针对棉织物的一种处理方法，棉织物或纱线在湿的条件下，加入氢氧化钠，使得棉纤维的横截面膨胀，从原来的腰圆形成为近似圆形，从而获得像丝一样的光泽，如图 4-18 所示。

2. 轧纹整理

轧纹整理也是利用纤维在温热状态下的可塑性而实现的，只是设备有所不同，是通过一对表面刻有花纹的轧辊的轧压，形成立体花纹，使织物更加美观，如图 4-19 所示。

轧光、电光和轧纹整理均属改善织物外

图 4-18　丝光

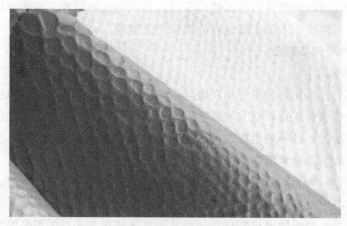

图 4-19　轧纹整理

观的机械整理，前两种以增进织物的光泽为主，后者使织物具有凹凸不平的立体花纹，但是均不耐洗。这些整理的使用历史已相当久长，但随着树脂整理的发展又有了新的活力，如与高分子树脂结合整理，则可获得耐洗的整理效果。

　　3. 仿旧整理

　　（1）水洗。水洗整理来自石磨水洗牛仔服的启发，是把面料或缝制好的服装放在洗衣机中，并加一些柔软剂、酶等化学药品以及水进行洗涤，在机械滚动下，达到局部磨白褪色的效果，产生一种自然旧的外观风格，而且衣料不再缩水，手感柔软、舒适。这种服装外观风格自然、不呆板，符合人们追求自然美的需求，如图 4-20 所示。

　　（2）砂洗。织物经砂洗后，外表有一层均匀细短的绒毛，绒毛细度小于其纤维的细度，使织物质地浑厚、柔软，且具有腻和糯的手感，悬垂性好，弹性增加，洗可穿性改善，如图 4-21 所示。如今，砂洗不仅限于真丝，其他纤维如棉、麻、黏胶、涤纶、锦纶等都有砂洗产品出现。

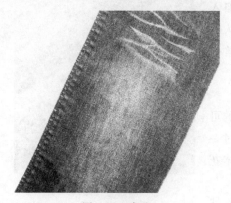

图 4-20　水洗

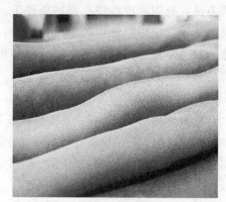

图 4-21　砂洗

（3）折皱整理。折皱整理是使表面不规则地起皱，因采用方法不同，可展现不同形状，如柳条形、菱形、爪形等，波纹大小不完全相同，具有一定的随意性，体现出自然而别致的风格，如图4-22所示。不同纤维材料都可起皱，但要使其保持长久，可选用热定型较好的合成纤维或经树脂整理的天然纤维材料，通过手工或机械方法达到起皱目的。

图4-22　折皱整理

4.毛绒整理

绒面织物服装具有厚实、柔软、温暖等特性，可改善织物的服用性能，多用于秋冬季保暖服装、贴身内衣、儿童服装及室内装饰用品等。不同方法得到的绒毛在长短、粗细、丰满度、牢固程度等方面均有差异。

（1）起绒。起绒是利用机械作用，将纤维末端从纱线中均匀地挑出来，使布面产生一层绒毛的工艺。它可产生直立短毛、卧伏长毛、波浪形毛等，使织物变得柔软丰满，保暖性能增强。由于绒毛掩盖了织纹，使光泽和花型变得柔和，如图4-23所示。织物经过起毛后，由于经受了激烈的机械作用，常有强力减退和重量减轻的现象。粗梳毛织物中除了少数品种如麦尔登外，其他品种都要经过起毛，棉织物中的绒布、起绒帆布、棉法兰绒、棉毯和针织绒衣等也要经过起毛。

如果需要局部起毛织物，可以在不需要起毛的部分采用涂料印花方法，一方面赋予色彩图案，另一方面起封闭纤维作用，由于黏合剂将纤维粘住，使钢刺辊不起作用；在需要起毛的部分采用普通印花方法（非涂料印花）给予色彩，然后经过起毛机拉毛，便可获得局部起毛纹样。

（2）植绒。植绒是利用机械方法或静电场作用，将短绒状纤维植到涂有黏合剂的织物上的加工工艺，由于绒毛带相同电荷，所以能彼此平行，绒毛和电力线也平行，并与织物垂直，被带相反电荷的织物吸引，所以纤维呈直立状植到织物上，被黏合剂粘住，如图4-24所示。服装需要植毛绒可以是局部的，也可是全部的。

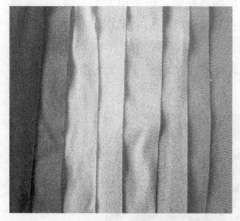

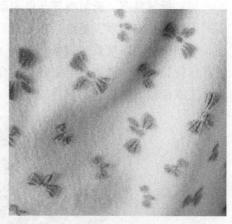

图 4-23　起绒　　　　　　　　　　　　　　　　图 4-24　植绒

（3）桃皮绒整理。桃皮绒织物是采用超细合成纤维为原料，经化学药品减量、磨毛和砂洗等染整加工而成的一种织物。其主要特点是表面具有一层纤细、均匀和浓密的绒毛，手感细腻、柔糯，有一定弹性和悬垂性，摸上去似桃皮而得名，如图 4-25 所示。

图 4-25　桃皮绒

5. 仿丝绸整理

通过此处理对合成纤维进行改性，使它们具有真丝绸般的外观风格和舒适性，又有合成纤维的保型性、免烫性与易保养的优点。现有各种仿丝绸产品，目前大多以涤纶为主。

6. 抗皱整理

抗皱整理加工是指能够使服装在穿着过程中不出现褶皱以及形态不发生变化的加工整理。多用于棉、黏胶以及麻等易起皱织物。常用的方法有预蜡烘法、汽化法、浸渍法等。

（三）特种功能整理

随着生产及技术加工手段的成熟，特种功能整理方法逐渐向着多样化、个性化、健康化、舒适化的趋势发展变化着。特种功能整理是能够满足消费者各种需求的有效的方法，其加工种类及方法很多。

1. 拒水透湿整理

拒水透湿织物是用聚酯长丝织物为底布，涂上特殊聚氨酯形成薄膜，这种薄膜上有大量的直径为 $2\sim3\mu m$ 的微孔，孔径非常小，可排出体内的水蒸气，而液体不能通过。这种织物在洗涤时要用中性洗涤剂，轻洗，轻脱水，熨烫温度在120℃以下，不能用含氯漂白剂漂白。如受到强烈摩擦时，织物表面常出现损伤现象。这种整理方式用在运动服面料较多。

2. 防污整理

防污整理包括拒油整理和易去污整理两种。拒油整理要求能对表面张力较小的油脂具有不润湿的特性，常用含氟整理剂。易去污整理也称为亲水性防污整理，它主要适用于合成纤维及其混纺织物的整理，它不能提高服装在穿着过程中的防污性，但能使沾污在织物上的污垢变得容易脱落，而且也能减轻在洗涤过程中洗涤液的污垢重新沾污织物的倾向。

3. 阻燃整理

阻燃整理是利用化学药剂处理后，阻燃剂与纤维发生反应，使织物对火有抵抗性，赋予织物阻燃的功能，使可燃性挥发物减少到最低程度，从而使有焰燃烧得到一定程度的抑制。

4. 抗静电整理

抗静电剂处理能赋予纤维和织物表面一定的吸湿性与离子性，从而提高了导电能力，达到抗静电的目的。在纺制合成纤维时，把亲水性物质混入纺丝原液中，纺出的纤维就具有抗静电的能力。防静电整理面料一般经多次洗涤后，性能会有所降低，使用改性的纤维可以生产耐久防静电产品。

5. 防蛀整理

防蛀整理是在动物纤维染色时，将化学整理剂加入染浴，使动物纤维的蛋白质起化学变性，不再成为幼虫的食料，起到防蛀作用。现常用一些含氯的有机化合物为防蛀剂，其优点是无色无臭，对毛织物有针对性，比较耐洗，又无损于毛织物的风格和服用性能，使用方便，对人体安全性高。

6. 防霉整理

服装长期处于潮湿状态或被放置在不通风处极易受微生物作用而发霉或腐烂，从而使织物强力下降并影响外观，降低织物的服用性能。防霉整理的方法有两种：一种是消灭霉菌、阻止霉菌生长或在纤维表面建立障碍，阻止霉菌与纤维接触；另一种方法是改变纤维的性能，使纤维不能成为霉菌的食料，并具有抗霉菌侵蚀的能力。

7. 抗菌整理

抗菌整理即通过含有抑菌或杀菌的化学物质的作用来抑制细菌生长，防止异味产生和织物的损伤。抗菌整理对内衣、袜子、床单等贴身使用的产品极为重要。抗菌整理容易实现并且价格便宜，但多次洗涤后抗菌效果逐渐降低。

8. 免烫整理

免烫整理是采用树脂整理的方法加工而得，由于树脂上的反应性基团能与纤维上的反应性基团相互作用，产生网状交联，限制了纤维大分子之间的相对移动，降低织物缩水率并提高抗皱性。

9. 涂层整理

涂层整理是在织物表面均匀地涂上一层具有不同色彩或不同功能的涂层剂，从而得到丰富多彩的外观或特殊功能的产品。经涂层整理的织物无论在质感还是性能方面往往给人以新材料之感，既具有纤维本身的性能，又具有高分子薄膜的性能。

第二节 服装材料的洗涤与熨烫

服装和面料在生产加工、销售和穿着使用过程中会有被污染的现象，同样，服装在穿着过程中，也会受到灰尘、人体分泌物等外来污物污染，它们不仅会影响服装的美观，而且这些污垢和油渍还会阻塞面料的缝隙，妨碍穿着者正常的排汗和透气，导致穿着者感觉不舒服；同时，它们也为细菌提供了繁殖的场所，从而影响人们的生活健康。合理的去污方法可以保证服装不变形、不变色及不损伤材料，保持服装的优良外观和性能，从而使服装的寿命延长。

一、服装材料的洗涤

(一) 洗涤方式

根据洗涤介质不同，衣物的洗涤有干洗和水洗之分。水洗是将洗涤剂溶于水中来清洗衣物，属常规洗涤方式，适用于多种织物。干洗为无水洗涤，以有机溶剂为洗涤剂和洗液。干洗后的服装不变形，不褪色，对纤维损伤小。毛织物由于有缩绒现象，因此一般高档毛料服装应采用干洗，而高档毛衫、厚重丝绸、毛皮服装等同样宜采用干洗。干洗适用于工业化作业，价格昂贵，在家庭中无法进行。因此，家庭普遍采用水洗，对一般丝、毛织物制品也以水洗为主。

根据洗涤用具的不同，衣物的洗涤又可分为手洗和机洗。手洗有搓洗、揉洗和刷洗等方式，机洗采用洗衣机及专用洗衣设备清洗。

（二）洗涤剂的选择

若要去除服装与面料的污垢和油渍，单靠水洗并不能达到预期的效果，必须借助洗涤剂。洗涤剂的种类很多，性质各异，因此在洗涤前必须根据服装使用说明，考虑到被洗服装的性质、类型及其要求，合理地选择洗涤剂的种类，以免因洗涤剂选择不当而造成意外损伤。以下是常用洗涤剂的特点和洗涤对象，见表4-3所示。

表 4-3　各类洗涤剂的特点和洗涤对象

洗涤剂类型	特点	洗涤对象
皂片	中性	精细丝、毛织物
丝、毛洗涤剂	中性、柔滑	精细丝、毛织物
洗净剂	弱碱性（相当于香皂）	污垢较重的丝、毛织物、拉毛织品
肥皂	碱性、去污力强	棉、麻及混纺织品
一般洗衣粉	碱性	棉、麻等及化纤织品
通用洗衣粉	中性	厚重丝、毛及合纤织品
加酶洗衣粉	能分解奶汁、肉汁、酱油	各类较脏衣物
含荧光增白剂的洗涤剂	增加衣物洗涤后的光泽	浅色织物、夏季衣物、床上用品
含氯洗涤剂	具有漂白作用	丝、毛、合纤及深色、花色织物

（三）各种服装面料的洗涤要点

1. 棉织物

棉织物的耐碱性强，不耐酸，抗高温性好，可用各种肥皂或洗涤剂洗涤。洗涤温度由织物颜色而定。贴身内衣不可用热水浸泡，以免使汗渍中的蛋白质凝固而黏附在服装上，且会出现黄色汗斑。应在通风阴凉处晒晾衣服，除白色衣物外，一般要晾反面，以免在日光下曝晒，使有色织物褪色。

2. 麻纤维织物

麻纤维刚硬，抱合力差，洗涤时要比棉织物轻些，切忌使用硬刷和用力揉搓，以免布面起毛。洗后不可用力拧绞，有色织物不要用热水烫泡，不宜在阳光下曝晒，以免褪色。

3. 丝绸织物

丝织物与棉、麻织物相比较娇嫩，有些宜水洗，有些不宜水洗，而且不能长时间浸泡，要随浸随洗；忌用碱水洗，可选用中性肥皂或皂片、中性洗涤剂。溶液以微温或室温为好。洗涤完毕，轻轻压挤水分，切忌拧绞。应在阴凉通风处晾干，不宜在阳光下曝晒，更不宜烘干。

4. 羊毛织物

羊毛不耐碱，故要用中性洗涤剂或皂片进行洗涤。洗涤时切忌用搓板搓洗，用洗衣机洗涤应轻洗，洗涤时间也不宜过长，以防止缩绒。洗涤后不要拧绞，用手挤压除去水分，然后沥干。用洗衣机脱水时以半分钟为宜。应在阴凉通风处晾晒，不要在强日光下曝晒，以防止织物失去光泽和弹性以及引起强力的下降。

5. 黏胶纤维织物

黏胶纤维缩水率大，湿强度低，不可长时间浸泡，要随浸随洗。黏胶纤维织物遇水会发硬，洗涤时要轻洗，以免起毛或裂口。用中性洗涤剂或低碱洗涤剂。切忌拧绞曝晒，应在阴凉或通风处晾晒。

6. 涤纶织物

采用一般合成洗涤剂，冷水浸泡，领口、袖口较脏处可用毛刷刷洗。可轻拧绞，置阴凉通风处晾干，不可曝晒，不宜烘干。

7. 腈纶织物

洗涤方法与涤纶织物相似，但宜在温水中浸泡，用低碱洗涤剂洗涤，轻揉轻搓轻拧，在通风处晾干。

8. 锦纶织物

采用一般洗涤剂洗涤，可冷水浸泡，洗液温度不宜超过45℃，洗后通风阴干。

9. 维纶织物

室温下浸泡洗涤，一般洗衣粉即可，切忌用高温热水，以免纤维织物受热变形，洗后晾干，避免日晒。

10. 混纺面料

根据混纺成分和比例决定洗涤方法。按比例洗涤就是看面料中哪种纤维占的量大，就按哪种纤维面料的洗涤方法进行洗涤。若比例相等或差不多，可按动物纤维、合成纤维、再生纤维、植物纤维的顺序决定洗涤方法。如化纤与动物纤维混纺，按动物纤维面料的洗涤方法操作，化纤与植物纤维混纺则采用化纤织物的洗涤方法。

（四）洗涤温度的选择

洗涤温度是洗涤过程的重要环节，对洗涤效果影响很大。理论上讲，温度越高，洗涤效果越好。而实际上却因受到纤维耐热性、色泽的耐温性等因素的限制，洗涤温度的选择要根据衣物品种、色泽、污垢程度等的不同来确定，在纺织商品使用说明中必须注明洗涤温度。各织物品种的洗涤温度。如表4-4所示。

表 4-4 各种类织物的洗涤温度

种类	织物名称	洗涤温度	漂洗温度
棉麻	白色、浅色	50～60℃	45～50℃
	印花、深色	45～50℃	40℃
	易变色、色牢度差	40℃左右	微温
丝	素色、本色	35℃左右	微温
	绣花、易变色	微温或冷水	微温或冷水
毛	一般织物	40℃左右	30℃左右
	拉毛织物	微温	微温
	易变色	35℃以下	微温
化纤	涤纶混纺	40～50℃	30～40℃
	锦纶及混纺织物	30～40℃	35℃左右
	维纶及混纺织物	微温或冷水	微温或冷水
	丙纶及混纺织物	微温或冷水	微温或冷水
	黏胶及混纺织物	微温或冷水	微温或冷水

二、服装材料的熨烫

一般情况下，服装和衣料洗过后，会使服装原来的外形发生变化，失去原本平整挺括的外观，这就需要对其进行熨烫，使之恢复至原来的面貌。

熨烫是指在一定温度、压力和水汽的条件下，将服装与面料进行热定型，使服装面料平整、外形挺括。服装与面料是由各种纤维组成的，性能各异，所以要想熨烫效果好，首先要了解被烫衣物的组成成分，以便正确选择熨烫温度和时间，然后再根据不同的衣料成分采取正确的熨烫操作方法。

（一）熨烫的分类

根据熨烫时的用水给湿程度，熨烫可划分为干烫、湿烫和蒸汽烫；根据服装熨烫的使用工具设备，可分为手工熨烫与机械熨烫。

但通常情况下，根据其工序与工艺要求而概括地分为中间熨烫与成品熨烫。中间熨烫指在服装加工过程中，穿插在缝纫工序之间的局部熨烫，如分缝、翻边、附衬、烫省缝、口袋盖的定型，以及衣领的归拔，裤子的拔裆等。中间熨烫虽在局部进行，却关系到服装的总体特征；成品熨烫是对缝制完毕的服装进行的熨烫，又称大烫或整烫。这种熨烫通常是带有成品检验和整理性质的熨烫，可由人工或整烫机完成。

（二）熨烫温度

为了赋予衣物平整光洁、挺括的外观，熨烫温度的掌握最为关键。温度过低，达不到热定型的目的，温度过高，会损伤纤维，甚至使纤维熔化或炭化。合适的熨烫定型温度在玻璃化温度和软化点之间。因此，为了保证熨烫质量，在熨烫前一定要认真查看服装的洗水标签，对于两种或两种以上纤维混纺或交织的织物，熨烫温度要调到适合的温度范围的较低的纤维标准来进行，各种织物的熨烫温度标准见表 4-5。

表 4-5　织物的熨烫温度标准

织物	直接熨烫/℃	垫干布熨烫/℃	垫湿布熨烫/℃
棉织物	175～195	195～200	220～240
麻织物	185～205	205～220	220～250
丝织物	165～185	185～190	190～220
毛织物	150～180	185～200	200～250
涤纶织物	150～170	185～195	195～220
锦纶织物	125～145	160～170	190～220
腈纶织物	115～135	150～160	180～210
维纶织物	125～145	160～170	—
丙纶织物	85～105	140～150	160～190
黏胶织物	120～160	170～200	200～220

（三）熨烫时间

熨烫定型需要足够的时间以使热量能够均匀扩散，但时间不是越长越好，一般当熨烫温度低时，熨烫时间需长些；当熨烫温度高时，熨烫时间可短些。质地轻薄的衣料，熨烫时间要短；质地厚重的衣料，熨烫时间可长。熨烫时，应避免在一个位置停留过久。

（四）各种服装材料的熨烫

1. 棉织物

棉织物的熨烫效果比较容易达到，但是它在穿用过程中保持的时间并不长，受外力后容易再次变形，所以，棉织物需经常熨烫；熨烫时可喷水熨烫，对于棉与其他纤维的混纺织物，其熨烫温度应相应降低，特别是氨纶包芯纱织物如弹力牛仔布等，应用蒸汽低温加压熨烫，否则易出现起泡的现象。白色和浅色的衣料也可直接在正面熨烫，深色衣物一般都在衣料的反面熨烫或是在正面垫上烫布以免烫出极光。

2. 麻织物

麻织物的熨烫基本上与棉织物相同，麻织物在熨烫前必须喷洒水，但其折处不宜重压，以免纤维脆断。麻织物的洗可穿性比较差，也需经常熨烫，白色和浅色织物可以直接在正面熨烫，但温度要低一些。

3. 丝织物

蚕丝织物比较精细，光泽柔和，一般在熨烫前需均匀喷水，并在水匀开后再反复熨烫。对丝绒类织物，不但要熨烫背面，并且应注意烫台需垫厚，压力要小，最好采用悬烫。还需注意的是，丝绸织物不一定完全是蚕丝织物，丝绸织物中还有大量的化纤长丝织物，熨烫时应区分对待。

4. 毛织物

毛织物不宜在正面直接熨烫，以免熨烫出极光，应垫湿布（或用喷汽熨斗）先在反面熨烫，烫干烫挺后，再垫干布在正面熨烫整理。绒类织物在熨烫时应注意其绒毛倒向和熨烫压力。

5. 黏胶织物

这类织物比较容易定型，烫前可喷水，或用喷汽熨斗熨烫。这类织物易变形，所以应注意熨斗走向并用力要适当，更不宜用力拉扯服装材料。

6. 涤纶织物

由于涤纶有快干免烫的特性，所以日常穿用时一般不必熨烫，或只需稍加熨烫即可。如需改变已烫好的褶裥造型，则须使用比第一次熨烫时更高的温度。涤纶织物需垫布湿烫，以免由于温度掌握不好而出现材料的软化。

7. 锦纶织物

锦纶织物稍加熨烫即可平整，但不易保持，因此也需垫布湿烫。由于锦纶的热收缩率比涤纶大，所以应注意温度不宜过高，且用力要适中。

8. 腈纶织物

正面熨烫腈纶衣料时要垫上湿布，熨斗温度不能太高，速度不能太慢，以防有的染料遇到高温颜色变浅而影响美观。腈纶织物的熨烫一般与毛织物的熨烫类似。腈纶绒、膨体纱和腈纶毛皮一般不需要熨烫，因为这些织品是经过特殊工艺处理的，再经熨烫会使织品失去蓬松感、弹性和美观。

9. 维纶织物

维纶衣料一般都是混纺或是交织的产品，它的特点是湿热收缩性大，因此这类织物在熨烫时不能用湿烫，需垫干布熨烫；可以在反面直接熨烫。

10. 混纺织物

混纺织物的熨烫，要由纤维种类与混纺比例而定，在熨烫处理时需偏重于比例大的纤维。但是，像与氨纶混纺制成的弹力织物，虽然其中氨纶的混用量较少，也应采用较低的温度熨烫，或者不熨烫，以免织物有较大的收缩。

第三节　服装材料的保养

人们在日常生活中的着装经历了从面料的生产、产品的加工、市场销售，最后才到消费者手中，不论是生产、加工、流通、消费或使用时，消费品又根据季节和温度的变化而不断更换，这个过程经历的时间很长，都将涉及服装面料及服装产品保养方面的诸多问题。如果某个环节对服装或面料的保管不当，就会出现发霉、变色、变形、虫蛀等现象，这样不仅会影响着装外观，还会影响人的身体健康，因此掌握正确的保管服装的方法是非常重要的，各种服装由于所构成的原料不同，所以保管的方法也各有所异。

一、常见的保养问题及防治

（一）虫蛀的防治

天然纤维的服装，因含有纤维素、蛋白质等营养物质，将是一些害虫的食料，若保管不善就容易受到虫蛀；合纤服装一般不易虫蛀，但因合纤在制造、加工和染整过程中，往往加有一些添加剂，因而在一定湿热条件下，有时也会被虫蛀。

各类面料一旦被虫蛀，将无法补救，所以要采取必要的预防措施，使衣柜保持清洁、干燥通风，用杀虫剂进行消毒熏杀、放置樟脑粉等。

（二）霉变的防治

发霉是霉菌作用于纤维素或蛋白质纤维服装，使纤维组织遭受破坏的结果。在易受潮湿影响的环境下保存衣料或服装，或者将沾污的衣料服装未经洗涤就保存起来，或者经雨淋受潮，保存场所温湿度过高，又缺少通风散热设备，都会引起发霉变质。

在储存保管中，使面料保持干燥与低温，就能防止霉菌的生长和繁殖。根据经验，也可采用通风和加石灰一类吸湿剂来解决，控制织物的含水量。若织物含水量超标，可采用烘干或通气的办法使其水分蒸发，利用各种防霉药剂来达到抑菌杀菌的效果。

（三）脆变的防治

发脆的原因，除了由于所用染料及印染加工操作不当所带来的发脆变质外，使织物长期受到空气、日光、风吹、闷热、潮湿的影响，或是在储运期间接触腐蚀性物质等各类因素，都会引起发脆变质。

预防脆变的方法，除了在加工时必须采取各种预防方法之外，在保管过程中，首先要有隔潮设备，才能预防面料发生脆变；其次要避免强烈的阳光，容易发脆的面料不宜储存过久；此外，若包装损坏，要及时修补，保持完整，以免面料直接受潮、受热和受风而引起局部脆变。

二、各类服装材料的保养

（一）天然纤维材料的保养

天然纤维的吸湿性大，容易受霉变和虫蛀的侵害，所以存放环境应注意通风和保持干燥，衣柜中应放置干燥剂和防虫剂。干燥剂和防虫剂的放置要掌握方法，应用纸包好，不要与衣料直接接触，以免发生化学反应而使服装受损；服装在存放前，要对面料进行洗涤，放置时应该平放，不宜悬挂，以免造成服装拉长变形；避免阳光的直射和曝晒，以免服装发生脆变；白色服装和深色服装最好分开放置，以免混纺引起的沾色和泛黄。

（二）人造纤维材料的保养

人造纤维在晾晒时不能曝晒，以免强度下降而使服装的颜色变浅，失去光泽，降低了服装原有的光泽度。人造纤维的特点是吸湿性大，悬垂性好，在放置时要特别注意采取防霉措施，而且不能长时间悬挂，以免衣服拉长变形。

（三）化学纤维材料的保养

化学纤维与天然纤维相比具有稳定性好、吸湿性差的特征，因此一般不会担心被虫蛀，也不易发霉，但在存放时也要注意服装的干燥和通风。在存放前要把这类面料的服装清洗干净，烫平，避免服装因长时间的存放造成褶皱老化；在存放时应注意不能长时间悬挂，以免服装拉长；应避免服装因曝晒而使面料变硬、强度下降、变色及褪色等现象的发生。

（四）裘皮和皮革材料的保养

裘皮和皮革面料所做的服装是冬季防寒服，所以当季穿过后一定要及时清洗、晾晒。晾晒时选择光线不是太强的地方，放置前要对晒过的服装进行降温；裘皮服装在穿着时要避免摩擦、沾污和雨淋后受潮，以防脱毛、皮质变硬、发霉；在收藏时要使毛朝外晒干，挂在放有防蛀药物的防尘袋中，如果是带活里的裘皮服装，要将面、里分开分别存放。

皮革服装在着装时要防止与锐利、粗糙的物品接触，以防皮革破损而影响服装的外观。在保管时注意不要受潮，以免强度降低、皮板变硬、发霉；不宜在阳光下曝晒，防止因脱水使皮革柔软性和弹性下降而折裂；收藏时或是在着装中应经常使用一些皮革柔软剂，对于绒面皮革服装要用软毛刷除去灰尘。

三、服装的收藏保养常识

服装的收藏保管方法除了上述面料收藏保管特点外，还有以下一些值得注意的事项。

（1）外衣每天穿用后，脱下应挂在衣架上，用毛刷轻轻刷整，并挂在新鲜空气流通的地方以除去湿气、汗味和外出时吸附的其他气味。

（2）要存放一段时间的毛料服装必须事先整理干净，刷整好，喷上防蛀药剂装在塑料袋内放入衣橱。

（3）任何一种纤维成分的衣料都有可能被虫咬霉烂，甚至合成纤维也有被虫咬烂的危险，一切服装在存放之前都须彻底洗净食物留下的污迹。

（4）针织服装都必须叠好平放，用衣架挂放可能会拉长变形。

（5）衣橱放置的环境应当是不受阳光直射照晒，清洁少尘，避开化学物品沾染或有害气体侵害，温湿度适中，避开蒸汽和热水管道。

（6）丝绒和条绒等绒类织物洗涤除污时应小心，以防损坏绒毛，起皱后最好用衣架挂好，在高湿热条件下让其自然恢复平整。

（7）毛皮和皮革服装的洗涤保养最好由专业干洗店处理，存放时应防止虫类及其他动物咬烂，并应防止发霉及其他微生物损坏。

第五章　服装材料在服装设计中的应用

05 Chapter

第一节　服装材料的二次设计

服装材料的二次创新设计是现代服装设计的新趋势，通过对现有的材料进行融合、多元复合或单元并置，从而达到材料创新的目的。它手法多样、形式灵活、效果独特、源源不断地为服装设计注入着灵感与活力，也使得今天的服装产品变化空前。

一、服装材料二次设计的作用及意义

服装材料的二次设计即材料再造，是指设计师按照个人的审美和设计需求，对服装面料、辅料进行再加工和再创造，以产生新的视觉效果，是人的智慧与实践碰撞的结果。设计师应充分把握材料的特性，并掌握其二次设计的表现方法，对各种材料制成服装后的效果要有一个初步的设想和预见性，灵活地将各种不同的肌理效果用于面料的设计中，使其具有浓郁的装饰性，以增加设计作品的内涵。

首先，它能提高服装的美学品质。其主要作用就是对服装进行修饰点缀，使单调的服装形式产生层次和格调的变化，使服装更具风采。给人带来独特的审美享受，最大限度地满足人们的个性需求和精神需求。

其次，强化服装的艺术特点，起到强化、提醒、引动视线的作用。

再次，增强服装设计的原创性。服装因为人体所穿用，故在形式、材料乃至色彩的设计上有一定的局限性，通过服装面料的二次设计还可以提高服装的附加值，突显其独特性。

二、服装材料二次设计的灵感来源

灵感是无意识中突然兴起的神妙思维想象，是因情绪或景物所引起的创作激情。在服装材料的二次设计中，有许多灵感是突发的、模糊的，是凭借直觉而进行的顿悟性的思维。

灵感是面料再造设计的起点，灵感的捕捉和想象的发挥能孕育优秀的设计理念，凭借灵感去构思，去发挥我们的想象力，从大自然、传统文化、历代服装、姊妹艺术、科技领域、日常生活中寻找灵感和设计来源，充分挖掘设计潜能，提高思维水平，来满足我们需要的独创性设计。

（一）自然界

自然界的各种生物给予了人类源源不断的灵感与启示——日月星辰、雨雪露霜、岩石沙砾、动物毛羽、自然植皮、海洋生物等都是我们最初的灵感来源，长期以来设计师以自然界为设计源泉，将不同质感的材料直接或仿制应用在服饰上，产生了很独特而美妙的效果，如图5-1所示。

图 5-1　自然界灵感来源服装材料

（二）姊妹艺术

绘画、雕塑、纤维艺术、建筑、摄影、音乐、舞蹈、戏剧、电影等都具有丰富的内涵，都有各自的表现手法，它是服装材料二次设计主要灵感来源之一。线条与节奏、抽象与旋律、空间与立体、平面与距离、声音与影像、齐整与错落等，都成了主要的灵感来源。吸取某种艺术形态的表现手法，准确和谐地应用到二次设计中去，其意外效果就会应运而生，如图5-2所示。

（三）民族传统

每个民族都拥有自己独特的文化，各民族之间也会有心灵上的沟通及文化上的渗透，传统的民族服饰为服装材料的创新带来了创作的源泉，受到了广大设计者的青睐，如图5-3所示。

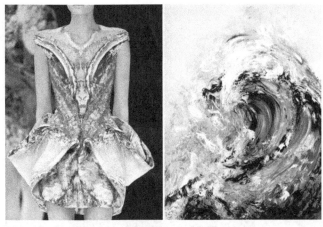

图 5-2　姊妹艺术灵感来源材料

图 5-3　民族传统灵感来源材料

（四）科技发展

服装材料在来源和发展方面，依赖于科技的进步和发展，当今服装领域借助新颖的纤维材料和相关的技术手段，来改造面料的表面效果，是设计师们所追求和发展的方向。

科学技术进步和发展的成果为设计者们的创新提供了必要的条件和手段。例如，从涂层面料的出现到被广泛地应用于其他领域，再到面料表面强烈的反光效果与醇厚浓烈的色泽表现，都蕴含了科技内涵发展的成果，如图 5-4所示。

（五）人类生活

人类的生活是丰富多彩、包罗万象的，到处都存在着设计灵感的来源，只要

图 5-4　科技发展灵感来源材料

用心观察，我们就能捕捉到生活中任何一个可以激发灵感的亮点。如旧墙上的斑驳纹样、纸张的揉团效果、木梁上的裂纹肌理、山丘的起伏、网绳的交错曲线都将成为设计师源源不断的设计构思和灵感，如图 5-5 所示。

图 5-5　人类生活灵感来源材料

（六）历史文化

人类服装的历史是人类宝贵的遗产，服装凝聚了每个朝代的精华，是前人的丰富经验积累和审美趣味的表现，对现代材质的创造有深刻的影响。中国传统的刺绣、镶、盘、滚、结等传统工艺形式，以及西洋服装中立体材质的造型，如抽缩、花边装饰、切口堆积等方法都被现代服装设计师所吸取，应用到现代服装材质的表现设计中去，如图 5-6 所示。

图 5-6　历史文化灵感来源材料

三、服装材料二次设计的表现方法

材料二次设计的方法有很多种，一般采用的方法是在现有服装面料的基础上，对其施行面料再造，面料再造的方法一般都是靠手工或半机械化工艺来完成。根据服装设计总体的要求，采用不同的手法，使得面料呈现出不同的肌理效果，来满足设计要求。

同时，服装材料的二次设计也可以借鉴三大构成中的构成原理。根据构成的造型概念，可将不同形态、不同材质的元素重新组合构成一个新的单元，也可以将材料分解为多个元素，进行打散、重组。我们也可以灵活地运用重复、渐变、对比、协调、对称等形式法则，创造出新的面料肌理效果。

服装材料二次设计的方法种类有很多，主要可通过加法原则，使原有的服装材料呈现出分量感或很强的体积感，使原有的服装材料在质感和肌理上起较大变化；或采用减法原则，通过减少的手法，如剪、烧、挖洞、抽等手段，使原有的服装材料在质感和肌理上引起变化；还可利用变形重构法或综合法，使服装呈现出独特的效果。下面将对表现方法做简单介绍。

（一）加法设计原则

加法原则即在原有材料上通过添加、叠加、组合等形式，使材料具有丰富的层次感和肌理感。在材料上做加法式创新是创意设计中运用得比较广泛的一种形式，加法的表现形式多种多样，常用的形式有以下几种。

1. 刺绣

通常是指用针、线在面料上进行缝纫，由线迹形成花纹图案的加工过程。刺绣工艺在我国有着悠久的历史，包括珠绣、镜饰绣（在纳西族民族服饰上运用较广泛）、饰绳（带）绣、贴片绣等工艺。刺绣是将材料钉缝或缝缀在服装材料上，组成规则或不规则的图案，形成具有装饰美感的一种服装材料塑造方法。通过材质的对比，相互衬托，使材料表面呈现和谐、华丽的外观效果，如图 5-7 所示。

图 5-7 刺绣

2. 绗缝

当缝制有夹层的纺织物时，为了使外层纺织物与内芯之间贴紧固定，通常是用手针或机器按并排直线或装饰图案效果，将几层材料缝合起来，增加美感与实

图 5-8 绗缝

用性，该方法具有保暖和装饰的双重功能，能产生风格各异、韵味不同的浮雕效果，具有很强的视觉冲击力，如图5-8所示。

3. 手绘

即用纺织颜料、丙烯颜料、油漆等涂层材料在面料的表面绘制各种适合设计风格的图形。在不同材质上手绘装饰，会表现出风格迥异的艺术效果，但不宜进行大面积涂色，否则会有僵硬之感，如图5-9所示。

图 5-9　手绘

4. 编饰

将材料或现成的缎带打散、裁条、重新织编，并有粗细、疏密的变化，使之产生立体感。主要有绳编、带编、结编等表现形式，通过把不同质感的材料运用编、织、钩、结等手段，构成韵律的空间层次，展现变化无穷的立体肌理效果，使平面的材质形成浮雕和立体感，如图5-10所示。

图 5-10　编饰

5. 扎染、蜡染

扎染和蜡染是我国历史悠久的传统工艺技术，早在秦汉时期就已流行了。蜡染在古代称之为蜡颏，是结合蜂蜡制作而成的；扎染是用线将布进行规则或不规则的包扎，然后进行染、煮等工序，在图案边缘很自然地形成由深到浅的过滤色晕效果。这两种手工艺术所表现出的效果具有很大的随意性和偶然性，因此，也是任何机器印染工艺所难达到的，如图5-11所示。

6. 叠加法

叠加法是把材料与材料之间的部分遮挡，利用前面材料与后面材料在色彩、形状和肌理上的对比关系而完成材料塑造手法。可运用布条、丝带迂回叠加，再

图 5-11　扎染

用同一元素重复叠搭，整齐排列，并加以珠片、装饰球进行装饰，使材料表面呈现静中有动、动中有静的效果，如图 5-12 所示。

图 5-12　叠加法

7. 贴补法

贴补法是将色彩、图案、形状、材质相同或不同的服装材料重新组合，进行规则或不规则的拼接、贴补、拼缝在一起的服装材料再造方法，如图 5-13 所示。

图 5-13　贴补法

8. 填充法

填充法是将布、棉絮、纸、线、水、沙、空气等材料填充在服装材料之内，形成凹凸效果的服装材料再造方法，如图 5-14 所示。

（二）减法设计原则

服装材料的减法设计是按设计构思去去除面料的部分材料或者破坏局部面料，也可称为破坏性设计，产生新颖别致的美感，如镂空、烧花、抽丝、剪切、磨砂等，形成错落有致、亦实亦虚的效果，使服装产生更丰富的层次感，具有一种独特肌理效果。

1. 烧花

烧花是利用烙铁、蜡烛、烟头等在材料（如棉、麻、羊毛等天然材料）上烧出任意形状或大小不等的孔洞，孔洞周围就会形成棕色的燃烧痕迹，俗称"烧花"工艺，具有随意性和偶发性，及特殊的视觉效果，如图 5-15 所示。

图 5-14　填充法

2. 抽纱

抽纱法是指将织物的经纱或纬纱进行规则或不规则地抽取，使材质某些局部形成线状效果，疏密适当，产生虚虚实实的肌理效果。还会形成透底的格子或图形，底层衬托不同质感和花色的材料，可形成独特的色彩效果，如图 5-16 所示。

图 5-15　烧花

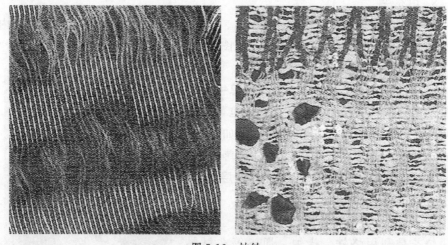

图 5-16　抽纱

3. 镂空（镂刻）法

按照图案形状要求挖空服装材质的某些局部，形成类似于民间传统工艺的剪纸效果；在皮革、金属等材质上做各种雕花、镂空等效果，可称为镂刻，可产生不同造型的图案，如花、动物、文字、几何等；镂空的地方可重叠显现底层面料，使制作的服装更具有生动性和层次感，如图 5-17 所示。

4. 做旧

做旧是利用水洗、砂洗、砂纸磨毛、染色等手段，使面料由新变旧，从而更加符合创意主题和情境需求的面料再造方法，如图 5-18 所示。

图 5-17　镂空

5.剪切法

剪切法是指采用剪、刻、切等手法，将服装材料的局部切开，有创意地"破坏"，形成抽象或具体图形的工艺，形成似透非透的效果，由此改变原有材料平庸、贫乏的呆板效果，使制作的服装更具有层次感和美感。

（三）变形再造法

变形法是指从基础面料上将整块面料进行折缝、缩缝、扎结、缠绕、物理变形等处理，使其形态和造型发生变化，产生规则或不规则的立体造型、浮雕感造型的设计方法。

1.褶裥处理

褶裥是一种常用的服饰图案造型方法，它通过面料的变形起皱，使平面的材料变得立体。

图 5-18　做旧

同时，由立体感带来的光影变化能产生浮雕般的肌理效果，并随人体的运动不断变化，与服装一贯采用的平面材料产生鲜明的视觉对比。褶裥的成型方法有很多，如皱褶、压褶、捏褶、抽褶、缝褶，如图 5-19 所示。

皱褶：通过高温捆扎等手段，在服装材质上形成规则或不规则的皱纹、褶裥，从而生成立体感的肌理效果或用机器或熨斗把服装材质按照某种规则性纹理压制成型。

压褶：压褶最大的特点是压褶之后面料有很好的弹性，穿着时能贴合人体，但又丝毫不妨碍运动，在起到装饰作用的同时又具备良好的功能性。

图 5-19　皱褶与压褶

捏褶：将面料上的点按一定规律联结起来，利用面料本身的张力使点与点之间的面料自然呈现起伏效果的图案造型方法。

抽褶：抽褶是用粗细不同的线、松紧带或者绳子将面料抽缩，用不同的方法缝制在面料上，然后抽拉线型材料，使平面的面料抽缩，产生自然、不规则的褶裥，形成立体感材质的图案造型方法，如图 5-20 所示。

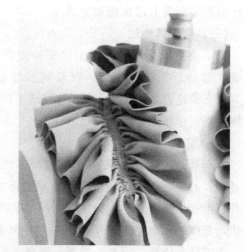

图 5-20　捏褶与抽褶

缝褶：缝褶是通过缝线来固定褶裥的一种图案造型方法，通常应用在服装的边缘，形成起伏的荷叶边，或者通过层层叠叠的堆积形成饱满的肌理，如图 5-21 所示。

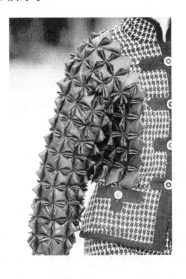

图 5-21　缝褶

2. 堆积

堆积是把平面的服装材料通过叠加等手段，堆积在一起，形成具有立体装饰效果的服装材料塑造方法。可根据面料的剪切性，从多个不同方向进行挤压、堆积，以形成不规则的、自然的、立体感强烈的形态，如图 5-22 所示。

图 5-22　堆积

3. 毡艺

羊毛具有一种天然的特性——遇热水后收缩，在外力挤压下会粘结成非常结实厚重的毛毡。毡艺就是利用这种特性．通过辊碾或密集的针戳使羊毛呈现出不同的造型效果。传统的毛毡配以彩色的绣花，形成许多游牧民族独具特色的毡绣工艺。

（四）综合法

综合法即将刺绣、镂空、镶嵌、拼接、打磨、腐蚀、钉珠、流苏、揉搓、手绘、抽纱、撕裂、编织、烧洞、折叠、做旧等多种工艺手段综合运用于一块面料的设计中，形成变化多样的肌理效果，更加丰富了服装材料的种类。但要注意的是，所运用的工艺手段一定要与面料的材质及服装的整体设计风格相协调。

第二节　服装材料在服装品类方面的应用

服装是历史发展和社会进步的产物，古今中外的服装各式各样，种类繁多。服装不仅仅能御寒保暖，还是展现自我身份和地位的一种标志。随着社会的不断进步与发展，社会分工也越来越细，人们也意识到了不同的场合和职业，对其服装品类的需求应该是不同的，由此产生了各种品类的服装，以此来满足人们不同的着装需要。

不同场合穿着的服装对面料的种类、色彩、图案要求都是有差异的，本节主要列举了几种典型的服装品类，从穿着需要的角度对材料选择进行一定的总结。

一、正装面料的应用

正装是最常用的服装品类之一，主要适用于严肃的场合，职业服装面料以端庄大方、适应众多对象的群体穿着为主，而非娱乐和居家环境的服装，种类较多。

正装中，用于工作场合的职业装居多。通常按照正装的穿着目的与用途的不同而具有不同的含义：一是指某些单位按照特定的需要统一制作的服装，如公安制服、交警制服等；二是指人们自选的正式场合，如参加聚会、观看大型演出等场合穿着的服装；三是指人们在工作场合穿着的服装，有时也称作上班服或职业装。

如何合理选取正装的面辅料，进行正装设计，才能更好地体现正装的庄重性和职业性等特点，是服装设计者必须掌握的基本知识。面料的档次、性能按不同职业的要求而不同，不同的职业可根据各自的工作特点和行业的要求，确定职业服的色彩和面料。其最基本特点是庄重，适合工作，形象统一；要求着装者在注重穿着场合、工作环境的同时，也要注重塑造自我形象，既要给人以成熟干练、稳重得体的感觉，又要不失优雅、大方美观，同时反映和表现一个时期服装的流行趋势。

（一）正装面料的选用原则

21世纪随着人们生活质量的逐步提高，人们对纺织品的要求也逐渐提高，着重以崇尚自然、注意环保为主，正装面料的选用应该注意以下几个方面。

第一，面料纤维与纱线的种类、粗细、结构与服装档次一致。

第二，面料结构，男装强调紧密、细腻，女装注重外观、风格。

第三，面料色彩图案稳重、大方、不单一，适应面广。

第四，面料性能，对于提高服装功能与效果发挥作用较为显著。

用于正装的面料种类较多，包括棉、麻、丝、毛和化纤等面料，每种面料都各具特色、风格各异。

（二）正装的分类

通常人们穿着的正装主要包括西装、套装和衬衫等。

1. 西装

西装，一般指西式上装或西式套装，包括男西式套装以及与男西装式样类似的女式套装。西装根据其款式特点和用途的不同，一般可分为正规西装、休闲西装两大类。正规西装是指在正式礼仪场合和办公室穿用的西装。休闲西装是随着人们穿着观念的变化更新，在正规西装基础上变化的产物，休闲西装由于款式新颖、时髦、穿着随意大方而深受青年人的喜爱。

西装造型大方，选材讲究，工艺精致，外观挺括，稳重高雅，适合不同国籍、肤色、年龄的人穿着，能够体现人们高雅、稳重、成功的气质，因此经久不衰，成为当今男性必备的首选服装，如图5-23所示。

图 5-23　西装

西装选择的面料一般是挺括、色彩沉稳而偏暗的毛织物，面料本身的质感烘托了西装的凝重、严谨和洒脱。

（1）西装面料的总体选择

西装尺寸严谨，外形有棱有角，线条锐利整齐，使人显得高雅庄重。男式西装面料以毛料为好，其他面料可视着装场合加以选择。精纺毛料以纯净的绵羊毛为主，亦可用一定比例的毛型化学纤维或其他天然纤维与羊毛混纺，通过精梳、纺纱、织造、染整而制成，是高档的服装面料。它具有良好的弹性、柔软性、独特的缩线性、抗皱性和保暖性。精纺毛料做成的服装，坚挺耐穿，质地滑爽，外观高雅挺括，触感丰满，风格经典，光泽自然柔和，格外显得庄重。

各类全毛精纺、粗纺呢绒是西装套服的主选面料，精纺织物如驼丝锦、贡呢、花呢、哔叽、华达呢等，粗纺织物如麦尔登、海军呢等。这些面料表面平整、光洁，质地柔软、细密，厚薄适中。另外，各类混纺面料、化纤面料，如中长花呢、华达呢等，也是当前利用较多的面料。

（2）不同款式西装的面料选择

一般情况下，中、高档面料适合做合体的职业男西装，而休闲类的毛、麻、丝绸等面料则多做成宽松的样式。

（3）西装面料的图案与色彩选择

西装面料的图案相对比较简单，常用的有细线竖条纹，这种条纹多为白色或蓝色。粗条纹或大方格则多见于娱乐场合穿着。对于色彩的选用，深色系列如黑灰、藏青、烟灰、棕色等，常用于礼仪场合穿的正规西装，其中藏青最为普遍。在夏季，白色、浅灰也是正式西装的常用色。

2. 套装

套装是一种两件套、三件套等多套组合的服装，与西装相比既有差别又有相似之处，且以女套装为主。

套装是近年来女性穿着广泛的服装，可分为西装套装和时装套装两种。西装套装通常为职业女性在办公室穿着，式样基本上与男式西装相类似，体现女性的干练，及白领女性高雅、端庄、脱俗的风度，但比较严肃刻板。相比之下，时装套装款式变化丰富，流行周期短，可充分突出女性的秀丽、柔美，如图5-24所示。

套装的款式、造型很多，上装和下装的使用由采用同种面料制作的，后来逐步扩展为可以使用质地与色彩相呼应的不同面料的上下装组合，使上装与下装的配套组合具有更多的变化，其造型自然流畅，追求一种自由、洒脱的衣着风格。

（1）套装面料的总体选择

女式套装在面料选配方面较男士西装更为讲究，也更为繁复。用于男士西装的各种面料均可用于女士套装，只是男装要求同色配套，而女士套装可以在不同色套之间进行搭配，不同颜色之间也可以互相映衬。

图 5-24 套装

与此同时，面料还要求具有垂顺感和舒适手感、平整、易打理等特点，多采用耐水洗、免烫等休闲面料，服装外形坚挺又易于保养。在花色上，彩色、几何图案的运用，使整体风格显得自然随意。

女套装常用的面料有精纺羊绒花呢、女衣呢、人字花呢等；除了毛织物，其他棉、麻、化纤面料也可选用，如窄条灯芯呢、条纹布等棉、麻织物制成的西装风格粗犷、朴实，别具一格。而各种化纤及混纺面料，由于结实耐磨、抗皱免烫、价格低廉，也是女套装常用的面料。

（2）不同季节套装的面料选择

春、秋、冬季穿着的女式套装选用精纺或粗纺呢绒，精纺花呢具有手感柔滑、坚固耐穿、织物光洁、挺括不皱、易洗免烫的特点，常用精纺面料有羊绒花呢、女衣呢、人字花呢等；粗纺呢绒有麦尔登、海军呢、粗花呢、法兰绒、女士呢等。夏季穿着的薄型套装面料主要为丝、毛、麻织物、丝哔叽、毛凡立丁、单面华达呢、薄花呢、格子呢，是薄型女套装的理想用料。

（3）套装面料的色彩选择

色彩宜选素雅、平和的单色或以条格为主，如蓝灰色、烟灰色、茶褐色、石墨色、暗紫色等。除此之外，上装面料的色彩和花型也要与下装相互匹配。

3. 衬衫

衬衫也称衬衣，是穿在人体上半身的贴身衣服，指前开襟带衣领和袖子的上衣。衬衫在服装中的地位相当重要，穿着十分普遍，不断被人们接受、改进，成为男性服装中必不可少的组成部分，也广泛地被女性穿用。

衬衫根据穿着场合与功效一般可以分为正规衬衫和便服衬衫两大类，正规衬衫可以在正式社交场合使用，也能在办公室等半正式场合使用；便服衬衫又可分为休闲衬衫、运动衬衫、劳动衬衫等。

男式正规衬衫的款式变化不多，设计重点主要是衣领上的变化，与男式衬衫的稳重大方相比，女式衬衫款式多，色彩丰富，名目繁多。女式衬衫比较注重款式的局部变化、装饰、点缀等，如图 5-25 所示。

图 5-25　衬衫

（1）衬衫面料的总体选择

衬衫面料是衬衫用衣料的总称，主要指薄而密的棉纺织品、丝绸制品等。男士衬衫的常见面料主要有府绸、细平布以及精纺高支毛型面料等。质地轻柔飘逸、凉爽舒适的真丝织物、棉织物、麻织物、化纤织物等是女士衬衫的常用面料，如府绸、麻纱、罗布、涤纶花瑶、涤棉高支府绸细纺及烂花、印花织物常用于制作女士衬衫。

（2）不同档次衬衫面料的选择

高档衬衫一般选用高支全棉、纯毛、羊绒、丝绸等面料，普通衬衫一般选用涤棉混纺或进口化纤面料，低档衬衫一般选用全化纤面料或含棉量较低的涤棉面料。

（3）男、女衬衫面料选择

男衬衫面料以全棉或涤棉混纺为主，全棉单面华达呢、凡立丁、花平布、条格呢、罗缎、细条灯芯绒和薄型涤棉织物；全棉精梳高支府绸是正规衬衫用料中的精品；麻织物也常用作高档正规衬衫，中厚型衬衫可以选用真丝面料、全毛凡立丁、单面华达呢，也可以选用纯棉绒布和涤棉织物。

女式衬衫面料选择质地轻柔飘逸、凉爽舒适的真丝织物，各种带新颖印花、提花及手绘花卉图案的真丝绸，更得女性青睐，棉、麻、化纤织物也是女式衬衫的常用面料，如府绸、麻纱、罗布、涤/棉高支府绸、细纺及烂花、印花织物等。

（4）衬衫面料的颜色选择

正规衬衫的颜色选用一直是比较敏感的问题，在选料时要注意。单色正规衬衫总选用浅淡柔和的颜色，如象牙色、淡褐色、浅蓝、淡黄、白色等。条纹衬衫一般选条纹宽度较窄的面料，质地较好的明细条纹面料具有华丽的风格。格子衬衫不如条纹衬衫正式，颜色宜浅不宜浓艳。

二、休闲装的面料应用

由于现代人生活节奏的加快和工作压力的增大，使人们在业余时间追求一种放松、悠闲的心境，寻求一种舒适、自然的着装。因此，休闲服装在近几年得到了大多数消费者的喜爱，休闲装在人们的生活中扮演着越来越重要的角色。

休闲装的穿着场合大多是非正式场合，面料应以轻盈、柔软、悬垂、质朴的风格为主。休闲装的制作、结构、工艺与其他服装有很大差别，它的设计十分自由，不受任何条条框框的束缚。在服装的款式上，自由想象空间大，宽松、简洁不刻板；可以使穿着者感到放松、自然，不受约束，不需要担心面料的褶皱会影响穿着效果。色彩与图案的题材相当广泛，表现形式与风格情调也各有不同。

休闲装的范围很广，从牛仔服到休闲西装，从 T 恤衫到家居服，都可以成为它的产品，而且随着人们各种休闲活动内容的不断丰富与变化，休闲服装无论是功能还是面料种类与风格都必将越来越多。

（一）休闲装面料的选用原则

在许多人的概念里，把穿着休闲装当成一种毫无节制的放松，不讲究色彩的搭配、质地的协调、服装与配饰之间的配合。其实，在逛街、散步、假日亲友间小聚等场合穿的休闲装，最能体现个人的品位。

在面辅料选用方面应注意以下几点。

第一，面辅料应使用符合国际、国家、行业和地方标准规定的产品。

第二，除特殊风格的产品，辅料应与面料配伍。

第三，面料色彩应紧跟时尚，丰富多彩。

第四，休闲运动服的面料应具有功能性。

休闲装根据区款式又可分为休闲时尚服装、休闲职业服装和休闲运动服三大类。

1. 休闲时尚服装面料的选择

（1）休闲时尚服面料的总体选择。休闲时尚服的面料丰富多样，如针织面料、机织面料、皮革、毛皮、人造革、非织造布等，以及经过涂层、闪光、轧纹等特殊处理的面料，体现时尚与前卫，如图 5-26所示。

（2）不同季节休闲时尚服的面料选择。春、秋季节的气温比较适宜，应采用天然纤维（如棉、蚕

图 5-26　休闲时尚服装

图 5-27　休闲职业服装

丝、羊毛）及化学纤维面料，中高档的休闲服采用皮革、毛皮。夏、冬季的气温差别较大，夏季应用吸湿放湿性和导热性较好、捻度高、手感挺爽的面料，如麻、棉、蚕丝、再生纤维素纤维和改性化学纤维制成的面料，针织面料的选用较机织面料多；冬季应用透温透气性和保暖性好、手感柔软蓬松的面料，如棉、羊毛、羊绒和化学纤维制成的面料；外套类以机织面料为主，毛衫类以针织面料为主。

（3）休闲时尚服的色彩选择。休闲时尚服的色彩应用当季流行的元素。春秋季节多用暖色系，如红色、黄色、粉色等；夏季多用冷色系，如蓝色、绿色等；冬季多用暖色系，也可以用冷色系，如黑色、黄色等。

2. 休闲职业服装面料的选择

（1）休闲职业服面料的总体选择。休闲职业服常用的面料选用棉型面料卡其布、华达呢、斜纹布、灯芯绒等；麻型面料涤麻混纺织物；毛型面料薄哔叽、凡立丁、派力司等；化学纤维面料莱赛尔、莫代尔、改性腈纶等，如图 5-27 所示。

（2）不同季节休闲职业服的面料选择。春、秋、冬季穿着的休闲职业服一般选用卡其布、华达呢、斜纹布、灯芯绒、摇粒绒等织物；夏季休闲职业服一般选用凡立丁、派力司、薄哔叽等织物。

（3）休闲职业服面料的色彩选择。休闲职业服的色彩以近似色和同类色、对比色为主，多为浅亮明快的色彩，如淡蓝色。

3. 休闲运动服面料

休闲运动服一般选用针织面料和机织面料，其中针织面料的应用最为广泛，如平针织物、网眼织物、绒类织物等。由于休闲运动服兼有休闲和运动两个特点，因而在不同场合，有不同的功能性要求，如夏季户外运动时，面料应具有吸湿、速干、防紫外线等功能，如图 5-28 所示。

图 5-28　休闲运动服装

（二）休闲服中具体款式的面料选择

1. T恤衫

T恤衫的原料很广泛，一般有棉、麻、毛、丝、化纤及其混纺织物，T恤衫常为针织品，但由于消费者的需求在不断地变化，其设计也日益翻新。其中，麻及麻混纺面料，透气柔软，舒适凉爽，吸汗散热；丝光棉T恤，色泽鲜明光亮，质地自然，柔软舒适，吸湿透气，手感顺滑，悬垂性强；真丝面料轻薄、柔软，贴服舒适；仿真丝绸、砂洗真丝绸、绢纺绸也是T恤衫较常用的面料，如图5-29所示。

图 5-29　T恤衫

2. 夹克风衣类

夹克风衣是春秋季较为普遍穿着的一类服装，深受男士的喜爱。夹克比较常规的面料是涤棉或全棉。将特殊面料融入夹克的设计，是夹克发展的一种趋势。现多采用记忆和仿记忆及涂层面料，涂层面料具有涂层紧密、防水功能优、抗皱能力强、衣服具有挺直的特性，如图5-30所示。

3. 休闲裤、牛仔服

休闲裤面料舒适，款式简约，面料主要以棉、天丝/棉、涤/棉混纺为主，近年来，新型高科技面料，如吸湿排汗涤纶和全天丝的高档面料也已经开始被使用，因其柔软、不易褶皱，穿着舒适，质感与垂性自然等特点受到很多人的喜爱。

牛仔服按是否经水洗工艺可分为原色产

图 5-30　夹克及风衣

品和水洗产品。原色产品是指只经退浆、防缩整理，未经洗涤方式加工整理的服装；水洗产品是指经石洗、酶洗、漂洗、冰洗、雪洗等或多种组合方式洗涤加工整理的服装。一般而言，高档的牛仔服装的质地柔软舒适，布面光洁，手感滑爽，如图 5-31 所示。

图 5-31　休闲裤及牛仔服

4. 棉服及羽绒服类

棉服的面料一般采用具有防风性能的纯棉（高密织物）、涤纶、锦纶等面料，或应用高技术手段，采用涂层涤纶面料仿 PU 皮效果，达到保暖防风的效果。

羽绒服的保暖性是首要的性能要求，体现在羽绒的品质上，填充料要选用含较多绒毛且蓬松度高的羽绒，羽绒服的面料应防风拒水、耐磨耐脏，还要能够防止细微的羽绒穿透外飞。对于要求质地紧密、平挺结实、耐磨拒污、防水抗风的羽绒服，面料宜选用

图 5-32　棉服及羽绒服

手感较硬的织物，一般有高支高密的卡其、斜纹布、涂层府绸、尼丝纺以及各式条格印花布等，如图 5-32 所示。

三、礼服的面料应用

礼服在一定的历史范畴中作为社会文化和审美观念的载体，受到一定社会规范所形成的风俗、习惯、道德、礼仪的制约，具有一定的继承性和延续性。礼服主要是指在社交礼仪场合中穿着的、符合一定礼仪规范的服装，也称为社交服。礼服作为社交服装，具有豪华精美、标新立异、炫示性强的特点，礼服面料的材质、性能、光泽、色彩、图案以及幅宽等均需要符合款式的特点和要求。

礼服作为社交服是参加典礼、婚礼、祭礼、葬礼等郑重或隆重仪式时穿用的服装，随着生活节奏的加快，衣着观念的更新，人们对礼服的需求越来越多，其礼服的种类也越来越细化。礼服根据不同情况可进行不同的分类，按出席礼仪场合的隆重程度分为正式礼服、准礼服和日常礼服；按照穿着时间分为日礼服、晚礼服；按出席场合的性质分为鸡尾酒会服、舞会服、婚礼服、丧礼服等；按照风格分为中式礼服、西式礼服、中西合璧服；按照穿着方式分为整件式（即连衣式）、两件套、三件套、多件组合式等。

（一）礼服面料的选用原则

礼服，尤其是女士礼服，要注重于展示豪华富丽的气质和婀娜多姿的体态，因此，大多选用光泽型的面料，柔和的光泽或金属般闪亮的光泽有助于显示礼服的华贵感，使人的形体更加动人。此外，礼服的轮廓造型、风格也会因面料的柔软、薄厚、轻重、保形、悬垂等性能的差异而不同。面料的色彩选择要求颜色高贵、华丽、端庄，如黑色、紫色等，并且与珠宝等配饰相结合，更好地展示女性的高贵气质。男士礼服面料可以参考正装面料进行选择。

（二）礼服中的各类款式的面料选择

礼服的面料选用应该根据款式的需要确定，面料的材质、性能、光泽、色彩、图案等均需要符合款式的特点和要求，在面料选用方面应注意以下几点。

第一，由于礼服的特点，多采用光泽面料，柔和的光泽或金属般闪亮的光泽面料。

第二，面料的柔软、厚薄、保形、悬垂等性能与礼服的轮廓造型、风格相匹配。

第三，做工精致。辅料中的缝线缩率和缝纫性能应与面料、里料配伍。

第四，面料色彩和图案应根据穿用场合确定。

1. 男士礼服的面料选择与运用

（1）燕尾服。多采用黑色或深蓝色的礼服呢，也可以选用与西装相近的精纺呢绒面料，重点突出服装的简洁与大方、高贵与正式。燕尾服的制作是全手工的，这决定了它不可忽视的内部构造和工艺技术传统，如图 5-33 所示。

（2）日礼服。这种礼服具有高雅、沉稳的特点，传统的日礼服选择不透明，无强烈反光的毛料、丝绸、呢绒、化纤及混纺棉料制作。与午服相配的外套称为午后外套，面料选用较厚的绸缎或上好的精纺毛呢料。

图 5-33 燕尾服

传统的日礼服多用素色，以黑色最为正规，特别是出席高规格的商务洽谈、正式庆典等隆重的场合，如图 5-34 所示。

图 5-34　日礼服

2. 女士礼服的面料选择与运用

（1）女士晚礼服。由于晚礼服穿着场合与时间的特殊化，面料选用应以华丽高贵的闪光面料与周围环境相适应，是女士礼服中档次最高、最具特色、最能展示女性魅力的礼服。

随着科学技术的不断进步，晚礼服所选用的面料品种更加广泛，现代晚礼服以柔软、平滑、垂性好的高品质面料为主，原料上有棉丝混纺、毛丝混纺、化纤类、真丝及莱卡，面料上有雪纺、乔其纱、弹性针织品、高级精纺面料等，其中

图 5-35　女士晚礼服

各种各样暗花的布料、有别致纹路的面料颇受欢迎。多选择细腻、轻薄、透明的纱、绢、蕾丝或采用有支撑力、易于造型的化纤缎、塔夫绸、山东绸、织锦缎等材料。在工艺装饰手段上运用刺绣、抽纱、雕绣、镂空、拼贴、镶嵌等手法使礼服产生层次及雕塑效果，如图5-35所示。

（2）旗袍。旗袍属于上下连属的衣服，基本要素为立领、窄袖、收腰、下摆开衩、盘纽，在20世纪上半叶，是中同妇女最主要的服装之一。传统式样旗袍，要求布料手感滑爽、质地挺括、外观细洁、面料高档。

夏季可选用淡浅色的丝绸印花双绉、塔夫绸、斜纹绸、乔其纱、绢纺、电力纺、杭罗、莨纱等，这些织物质地柔软、滑爽，光泽柔和，透气性能好，飘逸华贵。春秋季可选用中深色绸织锦缎、古香缎、绉缎、留香绉、毛哔叽等，也可选用天鹅绒、乔其立绒、烂花立绒等绒面织物，这些织物质地挺爽，手感好，是制作旗袍的理想面料，如图5-36所示。

图 5-36　旗袍

（3）婚纱。婚纱面料多选择细腻、轻薄、透明的纱、绢或采用有支撑力、易于造型的化纤缎、乔其纱、塔夫绸、山东绸、织锦缎、针织网眼布等材料。在工艺装饰手段上，运用刺绣、抽纱、雕绣、镂空、拼贴、镶嵌等手法，使婚纱产生层次感及雕塑效果，如图5-37所示。

图 5-37　婚纱

四、儿童服装的面料应用

童装主要指的是儿童在居家、上学、郊游、典礼等各种场合所穿着服装的统称。儿童在不同的年龄段呈现出不同的形态风貌，也是成长变化最快的时期。因此，这一时期穿着的服装，要符合不同年龄段的生理和心理特点。

对于缺乏体温调节能力的婴幼儿来说，易出汗、排泄次数多，皮肤娇嫩，在服装款式方面要求穿脱容易、款式简洁，以柔软的天然纤维为宜。对于学龄前儿童的好动特点，在童装设计中，要注意选料的结实、耐用、耐磨损。童装上的装饰不要过多、过于复杂，减少易脱散的辅料配件，以减少对儿童造成生命威胁，还需要具有耐洗、耐脏等性能。

（一）儿童服装面料的选用原则

儿童天真、活泼可爱，服的合体会增加儿童的质朴与纯真，给人们带来愉悦的心理感受，通常，儿童服装的选用原则有以下几点。

1. 以天然纤维构成的面料作为首选面料

儿童服装用料宜选用吸湿性强、透气性好、对皮肤刺激小的天然纤维织造，最适宜选用棉纤维，其次是麻、丝、毛类纯纺或混纺织物。

2. 以绿色环保型面料来提高服装的档次和安全性

童装面料和辅料越来越强调天然、环保。针对儿童的皮肤和身体的特点，多采用纯棉、天然彩棉、毛、皮毛一体等无害面料；款式上则追求时尚，亮片、刺绣、喇叭形裤腿、荷叶边等流行元素，在童装设计中均有所体现。

3. 以面料舒适、柔软、服用性能强为主要目的

人们在崇尚面料舒适度的同时，对童装的悬垂性、抗皱性等方面的要求也在提高。纺织科技的突破和创新使各种混纺、化纤面料具有与天然纤维相似的舒适度和透气性，有些甚至在防皱、防褪色及色彩、花型、造型等方面更胜一筹。服装面料的耐用性能主要体现在洗涤、耐磨方面；儿童的自理和自卫能力差，因此，儿童服装面料要考虑防火和阻燃等功能。

4. 正确选取辅料，注重辅料的安全问题

根据童装款式和面料的特性，合适选取辅料，装饰点缀服装，以表现儿童活泼、天真的特性，同时关注辅料的安全性。

5. 儿童服装面料图案和色彩方面的选择

服装的款式造型尽量做到简洁，便于儿童活动，服装的图案应充满童趣，色彩欢快、明亮。

（二）童装各类款式的面料选择

1. 儿童内衣的面料选择

儿童内衣贴身穿着，面料需要具备吸湿、舒适、透气的性能，因此，针织面料是童装的首选；纯天然的真丝绿色环保产品，穿着滑爽、舒服、亮丽，而且对人体肌肤也有保护作用，同时，儿童内衣的面料还应讲究童趣、自然、质朴、舒适，如图 5-38 所示。

图 5-38　儿童内衣

2. 儿童外衣的面料选择

婴儿服应易洗、耐用，童装面料多为全棉卡其、斜纹布、劳动布、印花棉布、化纤布等。适当选用透气性强、柔软易洗的纯棉布、绒布和灯芯绒，冬季可使用化纤混纺面料及呢绒面料，如图 5-39 所示。

图 5-39　儿童外衣

3. 幼儿园服、校服的面料选择

校服以学校集体生活为主题，应具有简洁、统一的风格，没有过分华丽或繁琐的装饰。面料一般选用耐脏、耐磨、耐洗、透气、质地舒适、富有弹性的面料，如图 5-40 所示。

图 5-40　儿童校服

图 5-41　儿童运动服

4. 运动服的面料选择

运动服多选用耐洗、吸湿的纯纺或混纺面料，如纯棉起绒针织布、毛巾布、尼龙布、纯棉及混纺针织布制作，如图 5-41 所示。

5. 盛装的面料选择

女童春夏季盛装的基本形式是连衣裙，面料宜用丝绒、平绒、化纤仿真丝绸、花边绣花布等，再配以精致的刺绣装饰。男童盛装类似男子成人盛装，面料多为薄型斜纹呢、法兰绒、凡立丁、苏格兰呢、平绒等，再配以精致的刺绣花纹，夏季则用高品质的棉布或亚麻布，如图 5-42 所示。

五、内衣的面料应用

与其他成衣相比，内衣是穿在最里层的服装，具有贴体的特性。因此内衣无论从款式结构的设计，还是从面料、辅料的选择上，都要充分考虑内衣对人体的影响。一般来说，天然纤维是首选材料，服用性能上要求穿着舒适合体、无过敏反应、无束缚和捆扎感，不走形，不脱落，给穿着者撑托稳定的感觉；能够塑造

图 5-42 儿童盛装

出理想的身体曲线。

（一）内衣的分类

内衣，广义上可以泛指一切外衣之内的内穿服装；狭义上，则主要指在居家环境和睡眠状态下穿着的贴体服装。

内衣包括文胸、底裤、背心、睡衣、居家服等，按然功能的不同，内衣可以分为：贴身内衣、补正内衣和装饰内衣三类。

1. 贴身内衣

贴身内衣指接触皮肤、穿在最里面的衣服，这类内衣具有防寒、保暖、吸汗透湿的作用，因此又称为"实用内衣"。贴身内衣包括汗衫、背心、三角裤、针织中裤、棉毛衫裤等。

2. 补正内衣

补正内衣又称为"基础内衣"，是为了弥补人体体型的不足，增加人体曲线美，包括文胸、腹带、束腰、臀垫、裙撑等。

3. 装饰内衣

装饰内衣指在室内穿着的内衣以及穿在贴身内衣与外衣裙之间的衬装，它能体现出休闲舒适的生活，也能衬托外衣的完善，还能使外衣裙穿脱光滑，行走时不贴体。它包括蕾丝内衣、连胸长衬裙、短衬裙、睡衣、家居服等。

（二）不同种类内衣面料的选择

从不同类别的内衣看，面料的选用也因衣而异。

1. 贴身内衣的面料

贴身内衣具有防寒、保暖、吸汗透湿的作用，其面料应该选用富有吸湿透气性、保暖性、触感轻柔的天然纤维材料；多选用弹性较好、吸湿性好、透气性较强的针织面料。常用面料为纯棉面料、真丝面料。贴身内裤，特别是女性内裤，应选择柔软、浅色、透气性与吸水性强的棉布料，款式应选宽松式，如图 5-43 所示。

图 5-43　贴身内衣

2. 补正内衣的面料

补正内衣主要起塑体美化的作用，可选用装饰性和功能性强的面料。文胸对女性的胸部起到承托、稳定、矫正美化的作用，面料可选用柔软、透气吸水性好的棉布，花型典雅、纹理细致的蕾丝，以及滑爽亮泽的真丝等。在直接接触皮肤的部位，尽量不选用化纤面料，以免引起不适反应。束裤的功能是收束腹部多余的脂肪，塑形美体，因此束裤要求选择弹性好的面料，常选用高弹面料，如图 5-44 所示。

图 5-44　补正内衣

3. 装饰内衣的面料

装饰内衣讲究面料质地的滑爽、柔软、轻飘，可选用真丝绸类、纱类、缎类织物，搭配花边和刺绣作为装饰，色彩以素净淡雅和柔和的浅色为主，如图 5-45所示。

图 5-45　装饰内衣

六、运动服装的面料应用

运动服主要适合于从事户外体育运动和专业的体育运动、竞赛及训练时所穿着的服装。但是，现在越来越多的年轻人穿着运动服，不仅可以获得服装的舒适性，同时还可以体现人们的活力与时尚。因此，在当代社会的语义表达中，运动服越来越具有丰富的内涵色彩，与年轻人的潮流文化走得越来越近。

（一）运动服装面料的选用原则

除了专业运动员的运动服以外，对于越来越多的年轻人来说，实际具有强大吸引力的是运动时尚便服，兼具了运动、休闲和时尚的特性。从 20 世纪 80 年代起，运动服装市场迅速发展，运动服装既可在体育运动时穿着，也可在日常运动时间或休闲时间穿着，其适用范围十分广泛，款式上通常以 T 恤、夹克、外套、运动裤、运动裙等品类为主。

图 5-46　运动服装

在面料选择上，多采用弹性好、耐磨、吸湿、快干、轻便、触感好的面料。在装饰手法上，也趋于多元混搭，运用镶、拼、滚、嵌等工艺。随着技术及加工手段的进步，运动装引入了大量的新型时尚材料，如呈现荧光色的面料、防水透湿面料、襟皮面料、变色面料、控温面料等很多高功能性面料，如图 5-46 所示。

运动服装如何选取面辅料，进行运动装设计，才能更好地体现运动装的随意、舒适等特点，是服装设计者需要掌握的重要内容。运动服装面料，需满足人体需求，强调运动舒适性，以舒适、坚牢为原则。传统运动服装是通过放大尺寸等手段来增加穿着舒适度和透气性的。现在的消费者在选购运动装的同时更注重服装的品质和穿着的舒适性。在面辅料选用方面应注意以下几点。

第一，运动服面料注重舒适性和功能性，要求具有足够的弹性、柔软性和伸缩性以及良好的吸湿透湿和散热性能等。

第二，面料的色彩要鲜艳夺目，与运动员积极向上的精神面貌、健美的飒爽英姿相协调，同时便于比赛、表演时观看和区分。

第三，除特殊风格的产品，辅料应与面料配伍。

第四，面辅料的内在质量、外观质量和相应功能特点应符合国际、国家、行业和地方标准的规定。

（二）各类运动服装的面料选择

运动服装可以分为两类：一类是运动型的日常服装，叫运动便装；另一类是专门从事体育运动时穿着的服装，也叫体育运动服。

1. 普通运动服（运动便装）的面辅料选取

一般选择棉、毛、麻和化纤混纺或纯纺的针织物或具有弹性的织物，要求具有穿着轻便、不易起皱、活动方便、坚牢挺爽、厚实、色泽鲜艳的服用性能。

2. 体育运动服装面料的选取

（1）登山服。需要可应付高山易变的气象条件，具备保护生命的作用，设计上考虑穿脱容易，材料应有保暖性、透气性、耐洗、耐日晒、耐摩擦的性能；成衣轻盈、体积小、携带方便，还应经过防水防风等必要的功能性整理。

（2）体操服。体操服在保证运动员技术发挥自如的前提下，显示人体及动作的优美。一般选用针织紧身衣，或伸缩性能好、颜色鲜艳、有光泽的面料制作。

（3）冰上运动服。该项运动服要求尽可能贴身合体，以减少空气阻力，适应快速运动。一般采用较厚实的羊毛或毛混纺针织面料。

（4）击剑服。击剑服首先注重护体，其次需轻便，上衣一般用厚棉垫、皮革、硬塑料和金属制成保护层，以保护肩、胸、后背、腹部等部位。

第三节　服装材料在服装外观风格方面的应用

任何一款服装或一块面料，都有着各自的性格和特点，服装造型是依靠材料支持的，服装材料不仅反映完整的造型特点，若在造型时能把材料的性能风格与服装款式的需求完全统一，是达到服装完美效果的必要条件，选择搭配得好，则互相映衬、相得益彰，设计的主题、服装的效果才能得以更好地体现。

对服装材料的选择，是离不开对材料的外观、手感和风格的识别与评判的，织物风格特征是由人的感觉器官对织物所做的综合评价，是织物所具有的物理机械性能作用于人的感觉器官所产生的综合效应。

面料是设计的基础，如何巧妙运用各种服装材料进行款式设计，对服装设计者来说，是非常重要的任务之一。首先要对各种面料风格加以比较，通过视觉感觉到织物的硬软、厚薄、光泽的明暗、纹理的饱满，通过触觉感觉到织物的柔软度、平滑、粗糙等比较直观的外观特征，获得面料的基本信息，作为选材的基础。本节主要从面料的视觉和触觉方面几个方面来进行简要概括，阐述面料的基本外观风格特征。

一、服装材料的光感

光感是由织物表面的反射光所形成的一种视觉效果，取决于服装材料的种类、颜色、纱线的捻向和光洁度、组织结构、后整理等，它们都会不同程度地影响服装材料的光泽度。

光泽感较强的面料会有很强的时尚表现力，具有强烈的视觉效果，面料在光线的照耀下会呈现出华丽、富贵、前卫、高贵之感，在款式上适合礼服、表演服、社交的时尚服装，光泽的韵律动感会产生华美耀眼的视觉刺激，光泽感已成为服装材料中比较重要的一个流行元素，越来越受到设计师们的青睐。主要包括

图 5-47　较强的光感

丝缎类织物、长丝类织物、荧光色涂层织物、金银丝夹花织物、轧光织物、皮革材质，如图5-47所示。

光泽感较弱的面料在视觉上给人以温暖感和质朴感，主要包括棉、麻等各种短纤维的平纹组织织物，以及经过水洗、磨绒、拉毛后处理的面料，如图5-48所示。

图 5-48　较弱的光感

二、服装材料的色感

色感主要包括色相和色调两个方面，不同的色感可以让人产生不同的感觉，如寒冷、温暖、快乐、烦躁等。色感是由织物的颜色形成的视觉效果，与原料、染料、染整加工和穿着条件等有关。

服装的色彩是通过服装材质体现出来的，服装的色感一定要结合具体的面料，材料的纤维染色性能和组织结构不同，对光的吸收和反射程度不同，给人的视觉感受心理也不同，它们通过具体的棉、毛、丝、麻、皮毛、粗花呢、人造纤维、合成纤维表现出来的色感给人以冷暖、明暗、轻重，收缩与扩张，远与近，和谐与杂乱，宁静与热闹等感觉，它对服装的整体效果起着重要的作用，如图5-49所示。

图 5-49　材料的色感

三、服装材料的型感

型感是指织物在其物理机械性能、纱线结构、组织结构、后整理及工艺制作条件等多方面因素的作用下所反映出的造型视觉效果。如悬垂性、飘逸感、造型能力、线条表现力 等，会影响服装的整体造型。

挺括平整、身骨较好的面料包括：毛、麻织物、各类化纤混纺织物、涂层及较厚的牛仔面料、条绒面料等；适宜制作套装、西服等款式，如图 5-50 所示。

图 5-50　挺括的型感

柔软悬垂的面料包括：精纺呢绒、重磅真丝织物，各类丝绒、针织面料等；适宜制作各种长裙、大衣、风衣类女装，体现舒展、潇洒的风格，较好地表现人体曲线。丝绸、麻纱等面料则多见松散型和有褶皱效果的造型，以表现面料线条的流动感，如图 5-51 所示。

有伸缩特点的面料包括：含有莱卡纤维成分的织物、针织织物；常用于内衣、运动服、毛衣、裙装等，如图 5-52 所示。

四、服装材料的质感

质感是指织物的外观形象和手感质地的综合感觉。质感包括织物手感的粗、细、厚、薄、滑、糯、弹、挺等，也包括织物外观的细腻、

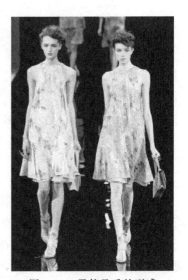

图 5-51　柔软悬垂的型感

粗犷、平面感、立体感、光滑及起皱等织纹效应。质感会受纤维成分的影响，如

图 5-52　弹力贴身面料

蚕丝织物大多柔软、滑爽，麻织物则刚性、粗犷。质感也与织物组织有关，如提花组织、绉组织立体感强，缎纹组织则光滑感强。起绒、起毛、水洗、纺丝等整理均可改变织物的质感特征，如图 5-53 所示。

图 5-53　材料的质感

　　薄而透明的面料包括：乔其纱、巴厘纱、透明雪纺纱、蕾丝织物等，透明型面料的质地轻薄、通透，具有优雅而神秘的艺术效果，有很强的装饰性。

　　粗厚蓬松的面料包括：粗花呢、膨体大衣呢、花呢、绒毛感的大衣呢、裘皮面料等，这类面料的手感硬挺，赋予服装庄重质感，能产生稳定的造型效果，给人以蓬松、柔软、温暖、扩展之感。

　　表面光洁细腻的面料包括：细特高密府绸、细特强捻薄花呢、超细纤维织物、精纺毛织物等，有着高档细密的风格。

五、服装材料的肌理感

服装材质的肌理是指造型材料的表面组织结构、形态和纹理等所传递的审美体验。主要包括材料表面的光滑程度、织纹的结构特点和图案肌理的粗犷细腻效果，以及立体肌理的造型感觉和光影效果等。

肌理感强的面料包括：各种提花、花式纱线、割绒、植绒、绣花、绗缝织物，具有层次丰富、立体感强的特点，如图 5-54 所示。

图 5-54　材料的肌理感

第四节　服装材料在服装风格及搭配方面的应用

一、服装材料在服装风格方面的应用

服装风格特征是由人的感觉器官对服装所做的综合评价，是织物间所有的物理机械性能作用于人的感觉器官所产生的综合效应。任何一款服装或一块面料，都有各自的风格和特点，服装的造型和风格特点，需要通过服装材料的特质进行表达，只有选择搭配得好，才能互相映衬、相得益彰，设计的主题与服装的效果才能得到真正表现。

（一）自然舒展、柔软飘逸的服装造型风格

该造型风格需要塑造线条光滑、自然舒展、柔软飘逸的服装轮廓，通常采用柔软、轻薄、悬垂好的面料，主要有薄绸和绸缎、悬垂性好的丝绒、重磅真丝、化纤仿真丝等，如图 5-55 所示。

图 5-55　自然舒展、柔软飘逸的造型风格

（二）挺括平直的服装造型风格

一般情况下，直裙、套装、西服、西裤、大衣等服装款式要求具有丰满的服装轮廓，突出服装造型设计的精确性，因此，要选择挺爽型的面料，如丰满平整、身骨较好的精纺毛料（花呢、华达呢、啥味呢）、化纤仿毛面料及粗纺呢绒（麦尔登、法兰绒、花呢）、皮革制品等，如图 5-56 所示。

图 5-56　挺括平直的造型风格

（三）合体紧身的服装造型风格

设计合体紧身的服装造型风格，应选择伸缩性较好的面料，如针织面料、氨

纶等，可展示人体优美的曲线，且活动轻松自如，如图 5-57 所示。

图 5-57　合体紧身的造型风格

（四）宽松、舒适的服装造型风格

选择质地坚韧、透气、无光泽的棉麻面料，具有朴实、简约的服装风格，适合设计宽松舒适的服装造型，如图 5-58 所示。

图 5-58　宽松、舒适的造型风格

（五）华丽高贵、典雅的服装造型风格

柔软、光泽柔和的薄绸和绸缎适合于表现亮丽绚烂视觉效果的晚装，透明的乔其纱也更多地用于追求性感、充分显示出人体优美自然曲线的服装风格，如图5-59所示。

图 5-59　华丽高贵、典雅的造型风格

二、服装材料与体型的搭配应用

1. 瘦削骨感体型

这种体型是指身材扁平、骨骼清晰、关节部位突出的体型。该体型在选择服装材质时，春秋季节应选挺括平整、身骨较好的面料，如毛麻织物、各种化纤混纺、涂层及较厚的牛仔面料、条绒面料、皮革材质等，以此增加体型的丰满感；在冬季应选粗厚蓬松的毛呢面料；夏季应选以棉麻材质为主的服装；光感较强和肌理感强的材质也比较适合；尽量避免穿着柔软、飘逸、悬垂材质的服装。

2. 丰满圆润体型

该体型是指身材饱满、浑圆、脂肪丰满的体型，最理想的种类是柔软悬垂面料，如各类精纺呢绒、软缎、各类丝绒、针织面料等，穿着时依附于人体，具有显瘦的效果，应避免粗厚蓬松、薄而透明以及光泽感较强的材质。

3. 匀称肌肉体型

该体型是指身材均匀、比例和谐的理想体型，在材质的选择上，范围比较广泛，光泽感的，挺括平整的，柔软悬垂的，有伸缩的，比较厚重的材质都适合，只要注重材质之间的风格组合即可。

4. 综合体型

该体型是身体某个部位不太理想的体型，可以利用服装款式与造型弥补身材

的缺陷。如身体某个部位需要弱化，则选用柔软悬垂的柔性材质；需要加强身体某个部位则选用身骨挺括、平整的材质。

5. 极胖与极瘦体型

该体型最理想是软硬适中的材质，如棉麻、绉纱、弹力牛仔等，尽量避免过于柔软或硬挺的材质。

三、服装材料的花纹图案在服装搭配方面的应用

通过利用服装材料上不同的花纹、图案的大小、疏密、形状与排列方式，也可以达到修正体型的作用。

1. 丰满圆润体型的选择

该体型适合选择密集度较高，小花朵图案的材质，竖条纹的图案是较合适的选择，尽量避免大型的花纹或醒目的几何图案，如横条纹、大方格等。如果选用了比较单一的色系，可以搭配一些别致醒目的服饰配件，为整体添加艺术性，如图 5-60 所示。

图 5-60　密集的图案

2. 瘦削骨感体型的选择

该体型需要通过选择图案与花型达到丰满体质的目的，因此，条纹或颜色对比强烈的图案、花型、方格都是适宜的选择，如图 5-61 所示。

3. A 形体型的选择

A 形体型即上身较瘦，而下身较胖的体型，上身通过选择膨胀类型图案的

图 5-61　对比强烈的条纹图案

服装来扩大视觉体积，下身穿着有视觉收缩效果的服装来达到整体的平衡。

四、服装材料的组合在服饰搭配方面的应用

1. 同种面料间的组合

这种组合是指把质地、色彩、风格一致的服装面料搭配在同一套服装之中，

构成和谐统一的视觉效果的组合方式。由于材料的各个方面都相互一致，很容易取得统一、稳定的服装效果，相同质地、相同颜色的面料进行整合重构时，还可增加面料的丰富性与层次感，属于低调的肌理整合。

同种面料的组合也存在其服装之间共性过强，缺乏个性的弊端，因此，相同面料组合时，一定要努力寻求其在形态上、纹理上、表现形式上、构成的状态上形成一定的变化和对比，否则，会使得整体产生单调感，如图 5-62 所示。

2. 不同质地、不同风格的面料组合

这种组合是指把质地、薄厚、粗细、色彩、风格具有一定差异的服装面料搭

图 5-62　同种质地的面料组合

配在同一套服装之中，构成多样统一的视觉效果的组合方式。质地和光泽不同的面料在一起组合，会产生强烈的视觉张力，通过相互的衬托、制约，使彼此的质感更为突出，服装效果更趋于完美。

　　但由于不同材料在各个方面都存在一定的差别，因而就需要寻求统一，让能起主导作用的材料占有较大面积，构成稳定的视觉效果，分清主次，使服装整体呈现出和谐的效果，如图5-63所示。

图 5-63　不同质地的面料组合

参 考 文 献

［1］ 陈东生. 服装材料学 ［M］. 北京：化学工业出版社，2014.

［2］ 朱松文，刘静伟. 服装材料学（第5版）［M］. 北京：中国纺织出版社，2015.

［3］ 肖琼琼，罗亚娟. 服装材料学 ［M］. 北京：北京理工大学出版社，2010.

［4］ 周璐瑛，王越平. 现代服装材料学 ［M］. 北京：中国纺织出版社，2011.

［5］ 马腾文，殷广胜. 服装材料 ［M］. 北京：化学工业出版社，2007.

［6］ 杨颐. 服装创意面料设计 ［M］. 上海：东华大学出版社，2011.

［7］ 王革辉. 服装面料的性能与选择 ［M］. 上海：东华大学出版社，2013.

［8］ 唐琴，吴基作. 服装材料与运用 ［M］. 上海：东华大学出版社，2013.

［9］ 谢琴. 服装材料设计与应用 ［M］. 北京：中国纺织出版社，2015.

［10］ 任绘，修晓倜. 服装材料创意设计 ［M］. 长春：吉林美术出版社，2014.

图 1-1 兽皮

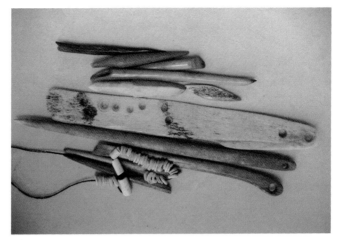

图 1-2 骨针等缝纫工具

图 1-5

1

图 1-5　新型服装材料

图 2-8　亚麻

图 2-7　棉花

图 2-11　绵羊毛

图 2-18　桑蚕丝及制品

图 2-21　黏胶纤维及制品

图 2-24　大豆纤维及制品

图 2-41　平纹织物

图 2-42　斜纹织物

图 2-43　缎纹织物

图 2-48　条格组织

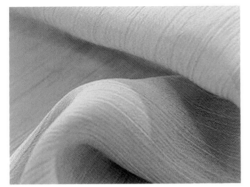

图 2-49　绉组织

图 2-58　罗纹组织

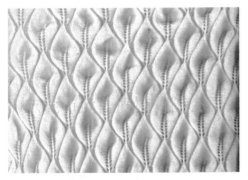

图 2-59　花色组织

图 2-60　非织造布

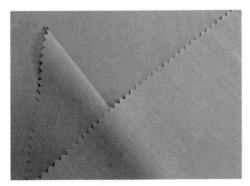

图 3-1　平布

图 3-3　麻纱

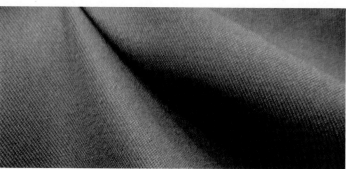

图 3-4　卡其　　　　　　　　　　　图 3-5　华达呢

图 3-6　哔叽　　　　　　图 3-7　拉毛横贡　　　　　　图 3-9　灯芯绒

图 3-10　平绒

图 3-11 牛津布

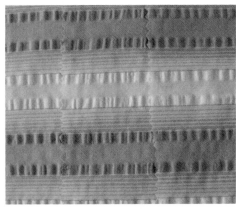

图 3-13 泡泡纱

图 3-17 棉麻混纺

图 3-18 交织麻

图 3-19 凡立丁

图 3-20 派力司

图 3-23 啥味呢

图 3-27 女衣呢

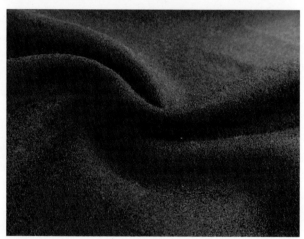

图 3-29 麦尔登

图 3-31 粗花呢

图 3-41 南京云锦

图 3-42　广西壮锦

图 3-43　苏州宋锦

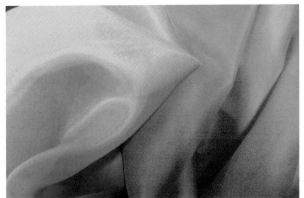

图 3-47　绡类——欧根纱

图 3-44　成都蜀锦

图 3-48　乔其绒

9

图 3-52 人造棉

图 3-56 涤纶仿麻

图 3-57 涤纶仿毛

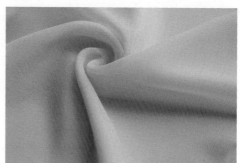

图 3-58 涤纶仿丝

图 3-59 涤纶仿麂皮绒

图 3-64 有机彩棉

图 3-65　竹纤维

图 3-74　半皮革

图 3-67　莫代尔面料

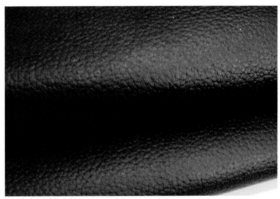

图 3-75　猪皮革

图 3-73　牛皮革

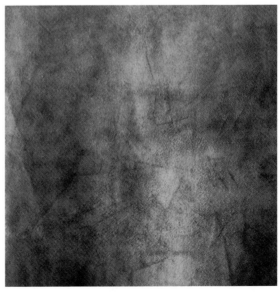

图 3-76　麂皮革

11

图 3-77　蛇皮革

图 3-79　人造革

图 3-80　合成革

图 4-22　折皱整理

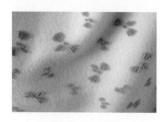

图 4-24　植绒

图 5-7　刺绣

图 5-8　绗缝

图 5-10　编饰

图 5-11　扎染

图 5-11　扎染

图 5-14　填充法

图 5-15　烧花

图 5-17　镂空

图 5-19　皱褶与压褶

图 5-20　捏褶与抽褶

图 5-21　缝褶

图 5-22　堆积